Dipak Kumar Rana

Análise espectroscópica de drogas fluorescentes em montagens auto-organizadas

Dipak Kumar Rana

Análise espectroscópica de drogas fluorescentes em montagens auto-organizadas

ScienciaScripts

Imprint

Any brand names and product names mentioned in this book are subject to trademark, brand or patent protection and are trademarks or registered trademarks of their respective holders. The use of brand names, product names, common names, trade names, product descriptions etc. even without a particular marking in this work is in no way to be construed to mean that such names may be regarded as unrestricted in respect of trademark and brand protection legislation and could thus be used by anyone.

Cover image: www.ingimage.com

This book is a translation from the original published under ISBN 978-620-4-75274-7.

Publisher:
Sciencia Scripts
is a trademark of
Dodo Books Indian Ocean Ltd. and OmniScriptum S.R.L publishing group

120 High Road, East Finchley, London, N2 9ED, United Kingdom
Str. Armeneasca 28/1, office 1, Chisinau MD-2012, Republic of Moldova, Europe
Printed at: see last page
ISBN: 978-620-5-76349-0

Conteúdos

DEDICADO A

Os meus Pais e a minha amada esposa pelo seu contínuo apoio e **encorajamento.**

PREFÁCIO

A novidade deste livro é que a fotofísica de estado excitado de várias moléculas de drogas em ambiente microheterogénico na luz de sombra de estado estável, fluorescência de tempo resolvido, anisotropia de tempo resolvido, NMR, dispersão dinâmica da luz e técnicas de imagem confocal de fluorescência. Os esforços actuais ajudam os investigadores nas potenciais aplicações de muitos fenómenos em bioquímica e biologia medicinal.

Antes de mais, gostaria de expressar a minha sincera gratidão ao Prof. Subhash Chandra Bhattacharya, pela sua inspiração, incessante encorajamento, ideias construtivas, discussões esclarecedoras e orientação afectuosa ao longo do progresso do trabalho.

Desejo reconhecer a constante inspiração, a crítica de tempo a tempo com perícia e várias ajudas prestadas pelo Prof. Nitin Chattopadhyay da Universidade de Jadavpur, Dr. Sudin Bhattacharya do Instituto Nacional do Cancro de Chittaranjan, Dr. Sumanta Bhattacharya da Universidade de Burdwan, Prof. Samit Adhya, Chefe, Divisão de Genética Molecular e Humana, IICB, Calcutá, Dr. Nilmoni Sarkar do IIT, Kharagpur, Dr. Abhijit Saha do Consórcio UGC-DAE para a Investigação Científica, Salt lake second Campus da Universidade de Jadavpur e Prof. Tapan Ganguly da Associação Indiana para o Cultivo da Ciência, Calcutá.

O meu profundo apreço vai para a Dra. Sayaree Dhar pela sua constante assistência no decurso do meu trabalho e para a Dra. Arabinda Mallick da Universidade Kazi Nazrul pela sua orientação em relação a técnicas experimentais e críticas construtivas.

Os meus cordiais cumprimentos a todos os professores respeitados, meus caros colegas (Colégio Saldiha, Universidade Bankura) que me influenciaram e inspiraram com a minha busca académica.

Bankura, WB, Índia   **DIPAK KUMAR RANA**

Maio, 2022

ESTUDOS ESPECTROSCÓPICOS DE FLUORESCENTES SONDAS DE IMPORTÂNCIA BIOLÓGICA EM AUTO ASSEMBLEIAS ORGANIZADAS

1.1. Introdução geral

A espectroscopia está cordialmente associada a todos os ramos da química/biochequímica e tem aplicações generalizadas também à física e outros campos aplicados relacionados. Em geral, a espectroscopia trata de todas as interacções entre a radiação electromagnética e a matéria. Também inclui dispersão de luz e rotação do plano de polarização da luz polarizada por substâncias opticamente activas. Isto tem sido amplamente explorado na investigação de vários fármacos fluorogénicos ligados com conjuntos microheterogénicos homogéneos e biomiméticos organizados em condições fisiológicas devido à sua exactidão, sensibilidade, rapidez e conveniência no manuseamento. A sequestração de várias moléculas bioactivas dentro de diferentes ambientes biomiméticos atrai interesse em explorar a potencial eficácia da sua assinatura fluorescente para a compreensão da sua interacção com alvos biológicos relevantes. Porque muitos fármacos sintetizados e naturais com fraca solubilidade aquosa têm possíveis limitações de aplicação na sua formulação e desenvolvimentos de entrega, os tensioactivos são amplamente utilizados na indústria farmacêutica para melhorar a solubilidade aquosa dos fármacos, manter a estabilidade dos fármacos, controlar a sua libertação e absorção, e melhorar a biodisponibilidade dos fármacos.

A sonda de fluorescência tem sido considerada como uma das técnicas mais simples, conveniente, menos perturbadora e económica para estudar tais propriedades. As alterações medidas em diferentes parâmetros de fluorescência de uma sonda fluorescente podem ser facilmente relacionadas com várias propriedades moleculares do ambiente tais como polaridade, viscosidade, coeficientes de difusão, distância entre grupos, alterações estruturais devido à existência de diferentes fases, formação de microestruturas e microdomínios, etc. Fotoprocessos como a transferência de prótons, transferência de cargas, etc., são enormemente modificados em ambiente confinado formado por micelas nanoscópicas. As drogas fluorescentes funcionais tornaram-se ferramentas cruciais em bioquímica, química analítica, fluorosensagem, bioimagem, etc. para fornecer informação dinâmica relativa à localização de moléculas. fluoróforos sensíveis ao pH permitem a detecção de variações de pH; os bioensores ratiométricos oferecem a vantagem adicional de permitir uma leitura de pH mais quantitativa e devidamente calibrada. É de interesse actual racionalizar várias propriedades fascinantes sobre sondas ratiométricas que deslocam os seus espectros de emissão, e são apropriadas para a detecção quantitativa e rápida, uma vez que requerem apenas um único comprimento de onda de excitação. A presente síntese trata das propriedades fotofísicas esclarecedoras de alguns fluoróforos bioactivos em solventes, interfaces auto-organizadas baseadas em protocolos e técnicas.

1.2. Absorção de Luz e Desactivação Consequente de Moléculas Excitadas Electronicamente: Caminhos Físicos Fotofísicos

A absorção de radiações electromagnéticas de comprimentos de onda adequados nas regiões ultravioleta e/ou visível inicia processos fotofísicos e fotoquímicos numa molécula. A absorção do fóton na região visível e ultravioleta leva a um aumento da energia electrónica da molécula fotoexcitada, resultando na transição electrónica para um novo orbital de maior energia. O estado de energia mais elevada é chamado de estado excitado. Uma molécula excitada é energeticamente instável e, num processo fotofísico, regressa, eventualmente, ao estado de terra, a menos que se envolva numa reacção fotoquímica e perca a sua identidade. O tempo necessário para uma transição electrónica é da ordem de 10^{-15} seg. enquanto o período de tempo para o movimento nuclear é de cerca de 10^{-13} seg. Uma determinada transição electrónica é acompanhada por mudanças vibracionais e rotacionais. A energia total da molécula é a soma dos componentes vibracionais, rotacionais e electrónicos que são todos quantizados. O fenómeno fundamental da transição electrónica é orientado pelo princípio Franck-Condon que implica que a transição electrónica é muito mais rápida do que os movimentos vibracionais que envolvem os núcleos atómicos de um sistema molecular.

No estado de terra, os electrões entre diferentes orbitais moleculares são distribuídos seguindo o Princípio de Exclusão de Pauli e a regra de Hund. A multiplicidade de um dado estado electrónico é dada por (2S+1), onde S é o spin total dos electrões para um dado estado electrónico. Os electrões ou têm spin paralelo ou oposto. Para um par de electrões com spin oposto (electrão emparelhado), S = 0, daí que a multiplicidade seja uma. A isto chama-se estado unipotente. Por outro lado, quando dois electrões têm spin paralelo num dado estado electrónico, S = 1 e a multiplicidade é três. A isto chama-se o estado triplet. Em geral, o estado electrónico terrestre de um sistema molecular é singlet, excepto em alguns casos como o de oxigénio molecular, em que o estado é um triplet. Para uma dada configuração electrónica, o estado triplet é energeticamente inferior ao estado singlet correspondente. As moléculas no estado excitado têm nova geometria, momento dipolo e reactividade completamente diferente. Uma molécula excitada electronicamente pode ser desactivada através de processos fotofísicos e/ou fotoquímicos. Os processos que podem levar a molécula intacta ao estado de terra são chamados processos fotofísicos, enquanto os que levam a novos produtos são chamados processos fotoquímicos. Todos estes processos fotofísicos ocorrem dentro do período de vida radiativa natural da molécula. Os gráficos seguintes, conhecidos como diagrama Jablonski (Figura 1.1), retratam alguns destes processos. A molécula excitada

5

pode voltar ao estado do solo quer por transições radiativas ou não radiativas.

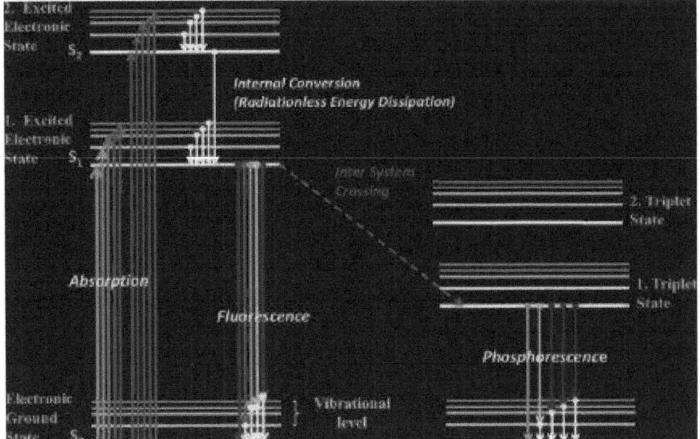

Figura 1.1: Diagrama Jablonski para diferentes níveis e transições de energia

1.2.1.   Transição radiativa

Refere-se aos processos em que a molécula fotoexcitada regressa de um estado electrónico superior para um inferior através da emissão de um fotão resultando no fenómeno de fluorescência e/ou fosforescência.

Fluorescência: É definida como uma transição radiativa entre estados de multiplicidade de giros semelhantes. $s_1 \wedge s_0$ + hv é a transição quântica mecanicamente permitida do estado de menor excitação (s_1) para o estado de solo (s_0). A emissão é caracterizada por uma constante de taxa, k_f , e uma vida útil de um único estado, T_f (~10-7-10-10 s). É geralmente observada quando um electrão faz a transição do modo vibracional mais baixo do primeiro estado excitado de singlet, s_1, para um modo vibracional do estado electrónico de terra s_0. A emissão de um estado excitado superior ao primeiro estado singlet excitado é um fenómeno raro e tem sido observada em compostos como azuleno, alguns compostos de tiocarbonilo, hidroxiflavonas, etc. (excepção à regra de Kasha). O electrão excitado no estado de alta energia regressará ao estado de solo estável. Se o ambiente não for perturbado, uma molécula excitada electronicamente passa no estado de alta energia durante algum tempo (conhecido como o tempo de vida radiativo natural). Após este tempo, o sistema regressa espontaneamente à sua posição original através da emissão de energia adequada. A vida radiativa natural, TN, é definida como a recíproca da probabilidade de transição radiativa. A constante de taxa de emissão de fluorescência, kf, na ausência de qualquer perturbação desactivadora, está inversamente relacionada com o tempo de vida radiativo natural, TN, da molécula, ou seja

$$k_f = \frac{1}{\tau_N} = \frac{1}{\tau_f^0} \qquad (1.1)$$

Na presença de outros processos competitivos de desactivação, a vida média da molécula é

6

muito reduzida e a vida real, Tf, torna-se

$$\tau_f = \frac{1}{k_f + \sum k_i}$$

(1.2)

onde k_i é a taxa constante para o processo competitivo i^{th}, supostamente naoimolecular. O princípio de Franck-Condon afirma que a transição vertical mais provável é aquela que não envolve qualquer mudança nas coordenadas nucleares, porque o tempo necessário para uma transição electrónica é insignificante em comparação com o do movimento nuclear.

O espectro de fluorescência é sempre observado no lado vermelho do espectro de absorção, em relação aproximada de imagem de espelho para moléculas poliatómicas (regra do Levschin). O exame do diagrama Jablonski revela que a energia da emissão é tipicamente inferior à da absorção. Este deslocamento vermelho da fluorescência implica que os quanta emitidos são de menor energia do que os quanta absorvidos, ou seja, hvf < hva, deslocamento de Stokes. Uma causa comum do deslocamento de Stokes é a rápida decomposição para o nível vibracional mais baixo de s_1. Além disso, o fluoróforo normalmente decai para níveis vibracionais mais elevados de s_0, resultando numa maior perda de energia de excitação pela termização do excesso de energia vibracional. Além disso, o fluoróforo pode exibir um maior desvio de Stokes devido aos efeitos do solvente, reacção de estado excitado, formação complexa, e/ou transferência de energia. Quando níveis vibracionais mais elevados do estado do solo são termicamente povoados sob certas condições a altas temperaturas, o efeito antiestokes (hvf > hva) pode ser exibido. As medições de intensidade de fluorescência têm múltiplas aplicações em vários campos, incluindo a química analítica, farmacologia, etc.

Fosforescência: A transição radiativa entre estados de diferentes multiplicidades de spin é conhecida como fosforescência. A fosforescência é precedida pela passagem entre sistemas do estado excitado de um único t para o estado de três t. Devido ao carácter proibido de spin de tais transições, a vida útil da fosforescência ($\sim 10^{-5}$ -10s) é notavelmente mais longa do que a vida útil da fluorescência ($\sim 10^{-10}$ -10^{-7} s). Embora a transição $T_n \rightarrow S_0 (n>1)$ tenha sido relatada no caso do fluoranteno e do ferroceno, é um processo muito improvável. Geralmente a fosforescência refere-se a transições entre os estados de $T_i > S_0$. A espectroscopia de fosforescência é uma ferramenta útil para elucidar diferentes aspectos dos processos fotoquímicos, fotofísicos, bem como fotobiológicos nos estados tríplice das moléculas.

1.2.2. Transição não-radiativa

A desactivação não radiativa é o mecanismo em que a energia electrónica é convertida em energia vibracional que é depois dissipada para o ambiente. As transições sem radiações desempenham um papel importante em muitos processos fotoquímicos. Uma transição sem radiação entre estados de mesma multiplicidade é chamada conversão interna (IC) e a transição entre estados de multiplicidade diferente é chamada travessia intersistemas (ISC).

Conversão interna (IC): Uma conversão interna ocorre mais facilmente no ponto de intersecção das duas curvas de energia potencial molecular, porque aí as geometrias nucleares dos dois estados são as mesmas. Corresponde às transições $S_n \rightsquigarrow S_{n-1}$, and $T_n \rightsquigarrow T_{n-1}$. $S_n \rightsquigarrow S_{n-1}$ conversão interna ou vibracional relaxamento, geralmente ocorre rapidamente $(k_{IC} \approx 10^{12} \, s^{-1})$ quando $n>1$ resulta num rendimento de fluorescência insignificante da fluorescência $S_n > S_0$ para a maioria dos sistemas moleculares (regra de Kasha).

Travessia Intersistémica (ISC): Os estados de excitação singlet e triplet manifestam uma geometria comum no ponto de intersecção das suas potenciais curvas de energia. A transição do singlet para o triplet pode ocorrer por meio do acoplamento de spin-orbit. Esta transição inclui $S_1 \rightsquigarrow T_1 +$ calor, caracterizado por uma constante de taxa k_{ISC}^{ST} $(10^{12} - 10^7 \, s^{-1})$. Isto constitui o apagamento interno do S_i e compete com a fluorescência e conversão interna normais. $T_1 \rightsquigarrow S_0 +$ calor, é caracterizado por uma constante de taxa, s k_{ISC}^{TS} $(10^6 {\text{-}1}$ ou mais), que compete com a fosforescência normal. O ISC envolve um mecanismo de troca de spinexchange, que implica uma conversão de singlet para triplet e/ou vice-versa.

Têmpera por fluorescência: O processo de têmpera por fluorescência é definido como aquele que compete com o processo de emissão espontânea, encurtando assim a vida útil da molécula emissora. Basicamente, estas reacções de têmpera são processos de transferência de energia ou de transferência de electrões. Os factores que afectam o processo de têmpera são a presença de têmpera externa e/ou interna, concentração, solvação, força iónica, etc. A eficiência de têmpera por fluorescência depende também do efeito de carga local do meio, que eventualmente aumenta ou diminui a concentração do têmpera nas proximidades do fluoróforo devido à atracção electrostática ou repulsão. Existem várias interacções moleculares que resultam em têmpera. Reacções de estado excitado, rearranjos moleculares, transferência de energia, formação de complexos de estado do solo, e têmpera por colisão entre o fluoróforo e o supressor são alguns desses processos que levam à têmpera por fluorescência. A têmpera por fluorescência é utilizada como fonte de informação sobre os sistemas bioquímicos e tem sido amplamente estudada como um fenómeno fundamental. O têmpera de fluorescência abrange uma grande variedade de substâncias; uma das mais conhecidas têmperas de colisão é o oxigénio molecular. O oxigénio molecular paramagnético tem um papel no fluoróforo para experimentar a passagem do sistema para o estado trigémeo e depois o fluoróforo é extinto por outro processo de desactivação. Assim, é muitas vezes essencial remover o oxigénio dissolvido da solução de fluoróforo para obter medições fiáveis dos rendimentos da fluorescência ou do tempo de vida útil. As aminas aromáticas e alifáticas são também supressores eficientes para hidrocarbonetos aromáticos não-substituídos. A têmpera induzida por átomo pesado é outro fenómeno de têmpera comum onde o iodeto, brometo e pseudo-halogeneto, etc. são utilizados como têmpera. A têmpera por esses átomos pesados pode ser o resultado da travessia intersistemas para um estado triplet excitado, promovido pelo acoplamento de spin-orbit do fluoróforo singlet excitado e do átomo pesado. O apagamento da fluorescência por necrófagos como a histidina, cystein, Cu^{2+}, Pb^{2+}, Cd^{2+}, Mn^{2+} etc. envolve a transferência de electrões ou a transferência de energia do fluoróforo para o apagador. O supressor com propriedades semelhantes às do tensioactivo estudado oferece vantagens importantes sobre os supressores mais convencionais, porque os iões supressores amigos do tensioactivo são responsáveis por um resfriamento frutífero em condições críticas. Como o supressor pode ser um doador ou aceitador de electrões, o mecanismo de transferência de energia por ressonância de fluorescência pode ser seguido pelo supressor. Para além da têmpera por colisão, existe outro tipo de têmpera, ou seja, a têmpera estática. Neste processo, a têmpera ocorre no estado de terra, evitando a difusão ou a colisão molecular. A têmpera pode também ocorrer através de muitos processos triviais, tais como a diminuição da luz excitada pelo próprio fluoróforo ou por outras espécies absorventes. O processo de têmpera por fluorescência pode ser classificado em duas categorias (a) têmpera estática e (b) têmpera dinâmica.

Têmpera estática: Este é um processo de têmpera através da formação de um complexo de estado de solo não fluorescente pelo encontro difusivo entre o fluoróforo e o supressor (durante o tempo de vida do estado excitado). No caso mais simples

$$\frac{F_0}{F} = 1 + K_S[Q] \tag{1.3}$$

onde K_S é a constante de têmpera estática. A têmpera estática remove uma fracção do fluoróforo da observação. Uma vez que os fluoróforos complexados são não fluorescentes, a única fluorescência observada é a do fluoróforo não complexado. A fracção não complexada não é perturbada e a sua duração é considerada ainda T_0. Portanto $T_0/t = 1$, a relação mantém-se para a têmpera estática, onde para a têmpera dinâmica T_0 $T = F_0/F$. Pseudoquenching é o termo que tem sido empregado para descrever um processo em que a intensidade de emissão de um fluoróforo é alterada pela formação de complexos de estado do solo e governada por processos de equilíbrio de estado do solo. A têmpera estática pode ser distinguida da têmpera dinâmica que investiga o espectro de absorção do fluoróforo. Na têmpera estática, a formação de complexos de estado do solo resultará frequentemente na perturbação do espectro de absorção do fluoróforo. Em alguns casos, a formação de complexos transitórios no estado excitado pode estar envolvida (formação de exciplexidade). Em solução, está também presente a possibilidade de formação de complexos fracos no estado do solo. Uma vez que não surge qualquer concorrência com os processos de emissão, o tempo de vida não é afectado no processo de têmpera estática. A formação de complexos de estado do solo reduz a intensidade da fluorescência ao competir com as moléculas não complexadas para a absorção da radiação incidente. A isto chama-se o efeito de filtro interno.

Têmpera dinâmica: Os encontros de colisão entre o fluoróforo e o supressor diminuem a emissão do fluoróforo, resultando no que é designado como têmpera de colisão ou dinâmica. Neste caso, o têmpera deve difundir-se ao fluoróforo durante o período de vida do estado excitado. Após contacto, o fluoróforo regressa ao estado de terra sem emissão de um fotão. No processo de têmpera dinâmica, a desactivação do fluoróforo excitado pode ocorrer após o encontro difusivo com o supressor. É descrito pela equação de Stern-Volmer.

$$\frac{F_0}{F} = 1 + K_{SV}[Q] = 1 + k_q \tau_0 [Q] \qquad (1.4)$$

Onde F_0 e F são as intensidades de fluorescência na ausência e presença de têmpera (Q) respectivamente; k_q é a constante de têmpera bimolecular. [Q] é a concentração do supressor e, e τ_0 é a duração da fluorescência natural na ausência de um supressor. A constante de têmpera Stern-Volmer (K_{SV}) pode ser avaliada a partir dos valores de inclinação obtidos da parcela F_0/F vs. [Q]. A eficiência da têmpera pode ser calculada a partir do parâmetro valioso, k_q, a constante da taxa de têmpera bimolecular. Os valores aparentes de k_q, basicamente grandes, sugerem alguma forma de interacção de ligação. É importante notar que a observação de um gráfico linear de Stern-Volmer não se torna evidente apenas de têmpera de colisão de fluorescência. A têmpera estática e dinâmica pode ser distinguida pela sua diferente dependência da temperatura, viscosidade e, de preferência, pelas medições ao longo da vida.

A linearidade da parcela Stern-Volmer sugere um único tipo de mecanismo de têmpera a funcionar. Em muitos casos o fluoróforo pode ser extinto por colisões e por formação complexa, ou seja, o processo de têmpera dinâmico e estático pode funcionar simultaneamente com o mesmo supressor. Nesses casos, o gráfico característico de Stern-Volmer mostra um desvio da linearidade com uma curvatura ascendente. A acessibilidade fraccional do fluoróforo em direcção ao supressor, ou seja, quando existem dois tipos de populações do fluoróforo, uma acessível e outra inacessível em direcção ao supressor, pode também dar um gráfico não linear de Stern-Volmer. Outra situação interessante pode também surgir quando as moléculas de têmpera estão presentes muito perto da molécula fluorescente no momento da excitação. Isto leva ao têmpera imediata do fluoróforo antes de se obter um estado estável. Este tipo de têmpera é chamado têmpera transitória.

Tanto a têmpera estática como a dinâmica requerem o contacto molecular entre o fluoróforo e o supressor. Para além da duração da fluorescência, a têmpera estática e dinâmica também pode ser distinguida considerando uma mudança de temperatura. Uma temperatura mais elevada resulta num coeficiente de difusão mais elevado, pelo que a constante de têmpera para a têmpera dinâmica é observada a aumentar com o aumento da temperatura. Por outro lado, o aumento da temperatura leva a diminuir a estabilidade do complexo de estado do solo e reduz a constante de têmpera da têmpera estática.

A têmpera por fluorescência pode ocorrer após uma variedade de processos. Este método é aplicado em várias interfaces organizadas tais como micela, microemulsão, proteína, microdomínio, ciclodextrina. O número médio de agregação, constante de têmpera intramicelar pode ser mostrado a partir da análise do método de têmpera por fluorescência. A concentração de fluorescência pode ser avaliada pelo método de têmpera por fluorescência. A acessibilidade de um fluoróforo a um têmpera pode ser utilizada para indicar a sua posição numa membrana ou em sistemas miméticos de membrana. Para confirmar a localização da fluorescência no ambiente micelar, o têmpera por fluorescência da sonda na solução micelar pode ser realizado por um têmpera. O efeito do comprimento da cadeia do tensioactivo, a natureza do contra ião da micela, a força iónica do sal inorgânico na fotofísica do fluoróforo podem ser identificados pelo método de têmpera por fluorescência.

1.3. Diferentes processos fotofísicos

É bem conhecido que a fotoexcitação de uma molécula em solução induz geralmente alterações nas suas estruturas electrónicas e geométricas, que por sua vez induzem alterações nas suas interacções com as moléculas próximas e/ou os seus ambientes. Em muitos casos, essas interacções moleculares são muito reforçadas no estado electrónico excitado, e as energias de excitação são utilizadas em parte como força motriz da dinâmica da reacção que conduz a vários processos fotofísicos e fotoquímicos. Nesta secção, discutiremos as características salientes de vários desses processos fotofísicos como a transferência de protões em estado excitado (ESPT), transferência de carga (CT) e transferência de energia de ressonância de fluorescência (FRET), etc.

1.3.1. Transferência de prótons de estado excitado

O fenómeno da transferência de prótons de um átomo para outro é uma das reacções mais estudadas e vitais entre todos os ramos da química. Esta reacção elementar desempenha um papel mamute em vários processos químicos, físicos e biológicos vitais, incluindo a neutralização ácido-base, adição electrofílica e uma pontuação de reacções enzimáticas. Numa reacção de transferência de electrões, apenas a troca de carga ocorre entre os reagentes. Por outro lado, a reacção de transferência de prótons associada a uma separação de carga juntamente com uma transferência de massa é modificada notavelmente no estado excitado em comparação com o estado no solo devido à redistribuição da carga após fotoexcitação. Isto faz com que o processo seja considerado como a reacção química mais simples onde ocorre um deslocamento real de um núcleo atómico. Como foi dito acima, as propriedades fotofísicas, incluindo o comportamento prototrópico das moléculas, mudam muitas vezes dramaticamente nos estados mais elevados de excitação electrónica em comparação com os do estado moído. Alterações no momento dipolo e na geometria molecular podem levar a um grande efeito de relaxamento dieléctrico na espectroscopia e na dinâmica de transformação do sistema prototrópico. Por exemplo, uma pontuação de aminas aromáticas, que são fracamente básicas no estado moído, tornam-se ácidas no estado excitado. Tal molécula ácida em estado excitado é capaz de doar prontamente um protão a um receptor de protão, produzindo assim o ânion correspondente no estado excitado e o substrato é denominado como um fotoácido. Do mesmo modo, uma base fotográfica é aquela que exibe propriedades básicas pronunciadas no estado de foto excitação em relação ao seu estado moído.

O processo de transferência de prótons de estado excitado é o principal caminho não irradiante de muitas sondas biológicas fotoexcitadas. Entre elas é digno de nota o brometo de etídio (EB) da sonda intercaladora de ADN. Muitas vezes, a transferência de protões em estado excitado resulta em dupla emissão, uma delas proveniente do estado neutro excitado e a outra proveniente da espécie excitada desprotonada (anião) ou protonada. A faixa de emissão resultante das espécies normais tem frequentemente uma relação de imagem espelhada com o espectro de absorção. A banda de emissão correspondente às espécies prototrópicas fotoproduzidas conjugadas, contudo, apresenta uma grande mudança de Stokes da banda de emissão normal. Os trabalhos pioneiros de Ernsting, Verkhusha, Forster e Weller levaram os fotoquímicos a estudar extensivamente o fenómeno da transferência de protões em estados electrónicos excitados. Muitas máquinas moleculares, relatadas até agora, são alimentadas por processos de transferência de protões. Os dispositivos electrónicos/fotónicos moleculares referem-se a sistemas em que os processos de transferência de electrões, prótons ou energia espacialmente dirigidos ocorrem no estado fotoexcitado. medida que a miniaturização da tecnologia continua a progredir, o problema fundamental de longa data de identificar e compreender os sistemas físicos mais pequenos que são capazes de mudar atrai um interesse crescente. A comutação molecular também é importante em biologia, uma vez que muitas funções biológicas como a regulação alostérica, visão, etc., se baseiam nela. Uma construção modular de comutadores moleculares accionados por luz é bastante difícil de levar a cabo. Por conseguinte, é um desafio importante explorar estratégias viáveis de utilização da luz para operar interruptores moleculares "autónomos" com propulsão fotoquímica. A transferência de prótons é uma alternativa interessante neste aspecto. A realização das aplicações bioquímicas/biomédicas de tais estudos levou os cientistas a envolverem-se no campo. Recentemente, um interruptor molecular com mudança de cor que pode ser monitorizado a olho nu foi desenvolvido por Adam *et al*. O interruptor é controlado pela mudança do pH, o que implica o impacto de estudos sensíveis ao pH. Apesar dos volumosos trabalhos experimentais e teóricos sobre este assunto, há muito mais a explorar de modo a compreender o mecanismo molecular destas reacções.

A classificação dos tipos de reacções de transferência de prótons foi feita com base na existência de ligação de hidrogénio antes da deslocação. Assim, são de dois tipos: (i) transferência intermolecular de prótons em estado excitado (ESPT) e (ii) transferência intramolecular de prótons em estado excitado (ESIPT).

Transferência intermolecular de protões de estado excitado (ESPT):
Num processo de transferência intermolecular de protões (ESPT), o próton é transferido de uma molécula para outra. Este tipo de reacções tem sido utilizado como ferramenta mecanicista em aplicações tecnológicas de pH e experiências de salto pOH, no estudo da dinâmica de hidratação do protão e como sondas para estudar o microambiente do fluoróforo em meios proteicos, micelas, micelas inversas e ciclodextrinas.

No caso do ESPT, uma questão importante é se o equilíbrio da base ácida é alcançado dentro do estado excitado de vida do fotoácido ou da fotobase. Se o equilíbrio ácido-base for alcançado no estado excitado, o estado excitado pK_a e pK_b são determinados por espectroscopia de emissão em estado estável ou tempo resolvido. Weller e Ireland e Wyatt resumiram o estado excitado pK_a e pK_b de muitas moléculas orgânicas. A grande gota no pK_a torna possível induzir uma transferência de prótons da molécula de soluto para o solvente ou ácido externo ou base no estado fotoexcitado, o que poderia ser inicialmente proibido no estado de terra electrónico. O limiar ESPT depende da acidez do cromóforo excitado, da afinidade do protão do solvente ou do ácido ou base adicionado, e da estrutura correspondente do solvente. É necessária uma quantidade relativamente grande de energia para libertar um protão do cromóforo excitado, uma vez que o protão resultante do par iónico transferido é instável em comparação com a estrutura covalente original isoladamente. A solvência do protão com um solvente de alta afinidade do protão pode aumentar significativamente a estabilidade do par iónico. O ESPT nestes sistemas pode ser melhor descrito como um processo nãoadiabático, onde o acoplamento entre o cromóforo e o solvente é fraco e o estado electrónico do cromóforo permanece em grande parte inalterado.

O trabalho de revisão de Arnaut e Formosinho centrou-se na termodinâmica e cinética da transferência intermolecular de protões que ocorre no estado mais baixo de excitação de compostos orgânicos monoclonais e discutiu sobre a constante de acidez (pK*), desprotonação e taxas de protonação neste estado electrónico. Mishra *et al.* nos seus trabalhos sobre a fotofísica de vários sistemas de imidazol e benzimidazol em vários solventes a diferentes valores de pH determinaram as constantes de equilíbrio do equilíbrio prototrópico no estado mais baixo de singlet excitado (s1) e no estado mais baixo de solo (s0) utilizando titulações fluorométricas e o método do ciclo de Forster. Relatórios de Carmona, Douhal e Sevilla *et al.* esclarecem um aspecto importante relativamente à não obtenção do equilíbrio prototrópico no estado fotoexcitado. Estudos teóricos revelam que o túnel é um importante modo de reacção para a transferência de protões, mesmo à temperatura ambiente.

As taxas de reacções de transferência de prótons de estado excitado seguem uma vasta gama de magnitude, partindo de processos muito rápidos para processos comparativamente mais lentos. A redistribuição electrónica é muito mais rápida do que o movimento nuclear e a estrutura inicialmente alcançada é a correspondente à geometria do estado do solo. A utilização de compostos em que a ESPT intermolecular pode ocorrer em mais do que um local competitivamente é ainda um campo incipiente. O campo do estudo da ESPT foi também alargado a compostos inorgânicos, onde muito resta ainda por explorar.

Transferência intramolecular de prótons de estado excitado (ESIPT):
Geralmente a transferência intramolecular de prótons de estado excitado (ESIPT) prossegue ao longo das ligações de hidrogénio pré-formadas dentro de uma escala de tempo de picossegundos e com uma barreira muito baixa ou inapreciável. Os fototautómeros são geralmente formados no estado excitado e relaxam rapidamente para o estado de solo (não emissivo) ou fluorescem com um grande deslocamento de Stokes (emissivo). Geralmente, as reacções ESIPT são seguidas de ascensão e decadência da forte fluorescência deslocada de Stokes do tautómero produzido através do processo ESIPT. O diagrama esquemático da reacção na fase de gás é apresentado na Figura 1.2.

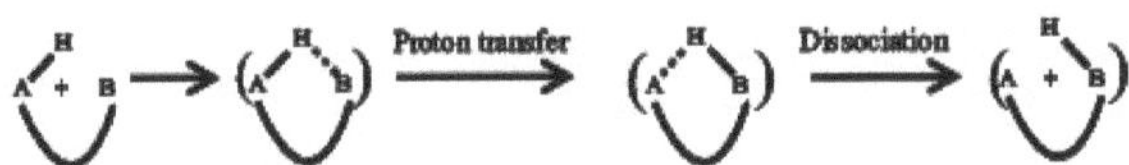

Figura 1.2: Diagrama esquemático da transferência de prótons

Ao classificar as reacções ESIPT, Kasha distinguiu quatro mecanismos operacionais: (i) aqueles em que existe ligação de hidrogénio entre o átomo H do grupo doador e o aceitador (transferências intramoleculares intrínsecas), (ii) aqueles em que o próton está longe do aceitador e requer um mediador (transferência biprotónica assistida por solvente concertado), (iii) catálise estática e dinâmica da transferência de prótons envolvendo forte catálise em complexos de ácido acético duplamente ligado ao H e (iv) transferência de relé de prótons. Uma extensão desta classificação foi também apresentada mais tarde por Heldt *et al*. A rigor, apenas o processo intrínseco é um verdadeiro ESIPT; todos os outros são variedades de transferência intermolecular de protões em estado excitado dentro de clusters de micro-solventes. A dinâmica do processo ESIPT pode ser fortemente dependente da conformação da molécula, da temperatura e da natureza do solvente, particularmente no que diz respeito à capacidade de formação de ligações de hidrogénio. Nos últimos anos, o fenómeno ESIPT tem sido objecto de investigação activa, especialmente devido às suas implicações biológicas. Os trabalhos de revisão do Formosinho e Arnaut centraram-se nos processos intrínsecos e nos mecanismos de transferência de prótons em relação à natureza do anel intramolecular de ligação de hidrogénio. Estudos de ressonância Raman foram utilizados por Pfeiffer *et al*. em alguns compostos heterocíclicos que mostram a transferência intramolecular ultrafásica de protões. O estudo de coerência vibracional, tal como relatado pelo grupo de Huppert, elaborou o processo de transferência intramolecular de protões de estado ultra-rápido e excitado.

Transferência de duplo próton intramolecular de estado excitado (ESIDPT):

A transferência intramolecular de duplo próton (ESIDPT) em estado excitado é um fenómeno interessante que tem sido observado apenas em alguns casos como a Doxorubicina, 7-hidroxiquinolina e 2,2'-bipiridina-3,3'-diol. As reacções ESIPT desempenham um papel importante em vários processos químicos e biológicos e consequentemente encontram o seu caminho numa grande variedade de aplicações tecnológicas, incluindo o desenvolvimento de lasers de transferência de prótons, díodos emissores de luz branca, fotoestabilizadores, e outros dispositivos electrónicos. A grande emissão de fluorescência de Stokes deslocada dos cromóforos ESIDPT em comparação com os fluoróforos normais ajuda a melhorar as análises de fluorescência, evitando a auto-absorção ou o efeito de filtro interno. A maioria destas moléculas tem sido amplamente utilizada como fluoróforo selectivo para sondar diferentes locais da cavidade biomolecular, tais como micelas, vesículas, proteínas, e ciclodextrinas, uma vez que as suas propriedades fluorescentes são altamente sensíveis à alteração dos microambientes circundantes. Sytnik *et al*. demonstraram como os cromóforos ESIDPT podem ser utilizados no estudo das conformações proteicas e da polaridade do local de ligação. Zhao *et al*. também demonstraram a maior utilidade dos cromóforos ESIDPT na detecção e imagem biológica que visa aumentar os interesses em tais moléculas.

1.3.2. Transferência da carga

Entre vários processos fotofísicos/fotoquímicos, a transferência de carga (CT) é uma reacção elementar subjacente à maioria dos problemas fotofísicos, fotoquímicos e fotobiológicos. É o esqueleto de numerosos desenvolvimentos presentes e possíveis futuros, incluindo condutores orgânicos e supercondutores, díodos emissores de luz (LEDs), bem como a produção e armazenamento de electricidade. Quase toda a vida da Terra é directa ou indirectamente influenciada pela transformação da luz solar em energia química que ocorre através de um processo de transferência de carga. Os exemplos clássicos de processos naturais de transferência de carga são a fotossíntese em plantas verdes e a conversão da energia solar em energia química. O conceito de transferência de carga surge da excitação de uma molécula para um estado que envolve uma transferência completa de um electrão de um doador (D) para um aceitante (A) ou entre eles no estado excitado de qualquer uma das espécies. A transição ocorre do orbital molecular mais alto preenchido do doador para o orbital molecular vazio mais baixo do aceitador. Este fenómeno confere um efeito sobre o espectro de emissão ao desenvolver uma nova banda sem características numa região de maior comprimento de onda. O mecanismo de interacção de transferência de carga segue-se ou através do espaço ou através da ligação. Através da interacção espacial é aplicável quando uma estrutura sem ligação (DA) é desenvolvida entre as duas partes cromóforas dentro da distância de Van der Waal. Por outro lado, através da interacção de ligação (D A^{+-}) trata de sistemas rígidos que operam quando a distância é muito maior entre as duas partes cromóforas. No estado de solo, o complexo doador-aceitador (D-A) não possui energia de estabilização, excepto a muito pequena energia de ressonância devido à estrutura iónica D A^{+-}. No estado excitado, um electrão é transferido do doador para o aceitador. Como consequência, a forma iónica torna-se o contribuinte predominante no estado excitado.

A assinatura espectroscópica do processo CT é a observação de uma banda de fluorescência "normal" ou a banda de excitação local (LE) e uma segunda banda de transferência de carga (CT), em grande parte vermelha. A banda LE deve-se ao estado localmente excitado do excipiente, DA*, sendo A* o estado mais baixo de A. A figura 1.3 indica o diagrama esquemático da transição de transferência de carga.

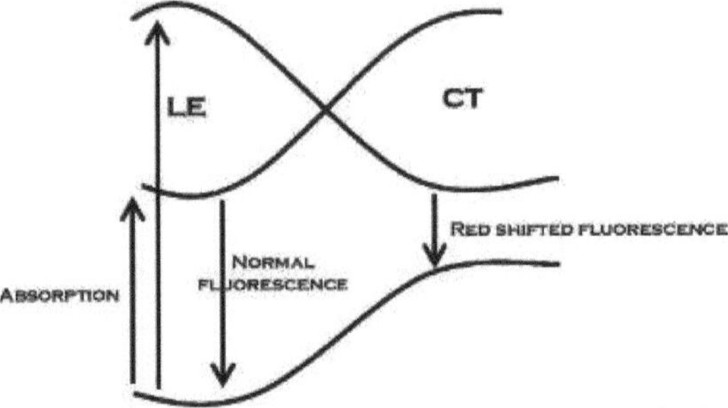

Figura 1.3: Diagrama esquemático da transição de transferência de carga

As moléculas do doador-aceitador de electrões (EDA) servem como sistemas ideais para o estudo dos processos de transferência de carga. Estas moléculas não só fornecem um campo de ensaio para as teorias contemporâneas do processo de CT, mas também são úteis para o estudo da dinâmica de soldadura, propriedades ópticas não lineares, etc. Os complexos EDA têm aplicações generalizadas no campo prevalecente desde a ciência biológica até à ciência dos materiais. Além disso, os complexos EDA têm atraído interesse como condutores orgânicos porque exibem um comportamento condutor único no estado sólido. O poder de condução é controlado pela interacção de CT entre o doador e as moléculas aceitantes e o padrão de empilhamento molecular.

Transferência de carga intermolecular (CT): O processo de transferência de carga intermolecular envolve a transferência de um electrão de uma molécula com maior densidade de carga (doador) para uma molécula com menor densidade de carga (aceitador), levando à formação de um novo complexo chamado transferência de carga (CT). Neste caso, a transição ocorre do orbital molecular de maior preenchimento do doador para o orbital molecular de menor desocupação do aceitador. Os complexos de transferência de carga são considerados como materiais importantes devido às suas generosas aplicações na área da fotoquímica. Os complexos de CT têm sido relatados como importantes intermediários de reacção em muitas reacções químicas. Benesi e Hildebrand também estabeleceram a participação de complexos de CT na síntese orgânica enquanto estudam a interacção do iodo com hidrocarbonetos aromáticos. O trabalho de revisão de Mataga *et al. focou* intrincadamente o aspecto fundamental dos processos de transferência de carga e da química do complexo de CT. Usando a técnica espectrofotométrica, Neelgund *et al.* estudaram os complexos de CT entre 2,3-diciano-1,4-naftoquinona (DCNQ) e diferentes aminas aromáticas em diferentes solventes clorados a diferentes temperaturas. Através das suas vívidas investigações estabeleceram que todos os doadores formam complexos estáveis 1:1 com DCNQ, independentemente da polaridade do solvente ou da variação de temperatura. Um método espectrofotométrico desenvolvido por Du *et al.* para a determinação de três agentes antibacterianos mais importantes (fluoroquinolonas) na medicina humana, que são activos contra bactérias gram-positivas e gram-negativas através da inibição da sua giramase de ADN com a ajuda da formação de complexos de transferência de carga com 7,7,8,8-tetracanoquinodimetano (TCNQ). Numa sequência de trabalho, Bhattacharya *et al.* discutiram muitos aspectos termodinâmicos e cinéticos das reacções de transferência de carga intermolecular que ocorrem entre duas moléculas diferentes usando a técnica espectrofotométrica. Saha *et al.* determinaram muitos parâmetros mecânicos quânticos através do seu estudo do complexo CT entre calix[n]arene e fullerene incluindo a estequiometria do complexo usando técnicas espectrofotométricas e fluorométricas. Shen *et al.* demonstraram a coexistência da transferência de carga inter e intramolecular em filmes de polimetilfenilsilano/C60. Precisamente, o estudo de complexos de CT não é apenas restrito em solventes homogéneos, os autores também concentraram o seu interesse no estudo de reacções de transferência de carga intermolecular em várias interfaces biomiméticas organizadas, tais como micelas, micelas inversas, proteínas, lípidos, etc.

1.3.3. Transferência de energia por ressonância de fluorescência

A transferência de energia de ressonância de fluorescência (FRET) é uma interacção dependente da distância entre os diferentes estados electrónicos excitados de moléculas de corante em que a energia de excitação é transferida de uma molécula (dador) para outra molécula (aceitador) sem emissão de um fotão do antigo sistema molecular. A transferência de energia de ressonância de fluorescência é também conhecida como a transferência de energia de ressonância de Forster. FRET é a transferência sem radiação da energia de excitação do doador para o aceitador. O principal efeito desta transferência é que há supressão ou enfraquecimento da emissão do doador, enquanto que há um aumento da emissão do aceitante. Ao interagir com um aceitador ou supressor adequado (A) o fluoróforo excitado (D*) pode ser desactivado através da transferência da sua energia para o primeiro. O processo global pode ser descrito como

$$D^* + A \rightarrow D + A^*$$

É uma poderosa técnica física e biofísica que permite analisar a interacção entre fluoróforos proximais. A FRET é tipicamente dependente da distância, através do processo de transferência de energia espacial em que a energia de excitação é transferida do fluoróforo excitado (D*) para o aceitante não excitado (A) através do mecanismo dipolo induzido. Mas não é o único factor que influencia a eficiência da transferência. De acordo com a teoria do Forster, a taxa e eficiência do processo FRET depende (i) do rendimento quântico de fluorescência do doador, (ii) da absorvância da molécula do aceitador na região específica do comprimento de onda, (iii) da extensão da sobreposição espectral entre o espectro de fluorescência do doador e o espectro de absorção do aceitador, que está teoricamente relacionada com a densidade e probabilidade de transições de ressonância isoenergética de vários níveis vibracionais para o D* + A > processo D + A*, (iv) a orientação relativa dos dipolos de transição do doador e do aceitante e (v) a distância entre o doador e as moléculas do aceitante. É pertinente mencionar aqui que a taxa constante bem como a eficiência da FRET depende da *sexta* potência inversa da distância entre o doador e as moléculas aceitantes. Esta sensibilidade na dependência da distância do FRET permite explorar o fotoprocessador para medir distâncias entre dadores e aceitantes em diferentes situações. A capacidade de determinar a separação do doador-aceitador designou o processo FRET como "*régua espectroscópica*". O tempo de vida de um fluoróforo no estado de excitação mais baixa é tipicamente cerca de 10^{-9} s. Após a excitação, ocorre competição entre emissão de fluorescência, desactivação não-radiativa e transferência de energia de excitação para as moléculas circundantes. Considerando todas as possibilidades, um diagrama Jablonski aproximado para o processo FRET é mostrado na figura 1.4. A transferência de energia de ressonância de fluorescência entre um doador e um aceitante é uma técnica física e biofísica prevalecente que permite analisar a interacção entre fluoróforos na proximidade imediata. Em tempos recentes, as aplicações do FRET incluem estudos de moléculas únicas em polímeros e em nanopartículas. A maior parte da aplicação de FRET tem sido observada na arena dos sistemas biológicos

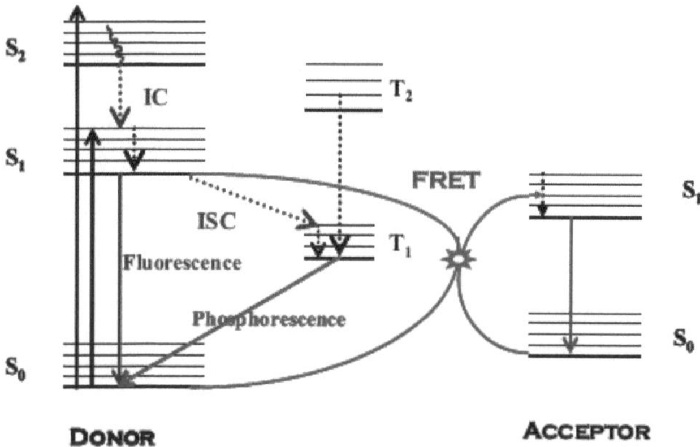

Figura 1.4: Diagrama Jablonski para o mecanismo FRET

para investigar uma variedade de fenómenos biológicos, incluindo processos de transferência de energia. Desempenha um papel crucial na colheita de luz por sistemas fotossintéticos modelo. A sua aplicação mais comum é medir a distância entre dois locais numa macromolécula como polímero, proteína, ADN, etc. O processo FRET mostra a sua contribuição significativa para avaliar a localização e o comportamento interactivo do fluoróforo em diferentes ambientes microheterogéneos tais como proteínas, micelas, micelas inversas e lipossomas. O campo do estudo do FRET foi também alargado a nanopartículas inorgânicas, onde ainda há muito por explorar. Um trabalho anterior de Jo *et al.* realizado com uma transferência de energia altamente eficiente numa única molécula utilizando um ligador polimérico que mostra uma característica drástica de FRET ligado e desligado, alterando o pH médio. Lee *et al.* demonstram que o ponto quântico (QD)-FRET é uma ferramenta sensível para estudar a absorção e desempacotamento intracelular de lipoplexas e poliplexas. Recentemente, foram feitos extensos estudos de biosensores baseados na transferência de energia por ressonância de fluorescência. Além disso, a FRET tem sido utilizada frutuosamente para a detecção de pH em sistemas biológicos.

1.4. Influência de Ambientes Homogéneos nas Transições Electrónicas

A importância dos ambientes (homogéneos e heterogéneos) em diferentes fotoprocessos tem sido reconhecida na química, bem como na biologia desde uma fase inicial da investigação. Neste tópico, os efeitos do solvente (ambiente homogéneo) na fotofísica do fluoróforo têm sido focados. Os solventes têm as suas próprias propriedades intrínsecas devido às quais podem modificar as vias de reacção, alterando as energias do reagente e contribuindo para o estado final de reacção. Após fotoexcitação da sonda, as moléculas de solvente circundantes sofrem uma reorientação que resulta numa mudança gradual do microambiente. Assim, os solventes desempenham um papel vital ao solventarem os centros de carga quando os centros doador e abstractor de prótons estão presentes dentro de uma molécula em estreita proximidade. O processo de rearranjo dos dipolos de solvente em torno de uma carga ou dipolo criado instantaneamente é conhecido como dinâmica de solvente. A redistribuição da densidade de electrões no estado excitado resulta numa mudança no momento dipolo da sonda, criando assim um estado de não-equilíbrio. O ambiente solvente não pode acompanhar esta mudança súbita e sofre uma modificação em termos de rearranjo em torno da sonda, levando a uma mudança na banda de fluorescência do sistema de tintura. As posições dos máximos de absorção são diferentes em diferentes solventes. A capacidade do doador do soluto no estado de solo e no estado excitado são diferentes. Se for maior no estado de solo, então o nível de energia do estado de solo é estabilizado e ocorre o deslocamento do azul. Uma maior interacção soluto-solvente no estado excitado, em comparação com o estado moído, foi considerada como exibindo um deslocamento vermelho.

Como a interacção solvente-soluto tem um papel fundamental na modulação das propriedades físico-químicas do fluoróforo, todos os tipos de interacções têm de ser considerados. Basicamente, existem três tipos de interacções: (1) interacção solvente-soluto de curto alcance, ou seja, interacção solvente-soluto específica, (2) interacção solvente-soluto de longo alcance, ou seja, interacção não específica e (3) interacção solvente-soluto. Os parâmetros físicos macroscópicos dos solventes, tais como o índice de refracção e a permissividade relativa ou constante dieléctrica, podem ser determinados através da consideração das interacções não específicas. A solvência específica é geralmente determinada através do ajuste do pH dos solventes que são medidas da capacidade de ligação de hidrogénio ao solvente para doar e aceitar um próton, respectivamente. A interacção soluto-solvente pode ser compreendida através da acumulação de moléculas de solvente criando uma cavidade adequada para acomodar moléculas de soluto. Interacções específicas devidas a forças de dispersão e/ou colisões alargam a estrutura vibracional dos espectros, e as interacções de excimer (entre moléculas ou grupos excitados e não excitados) podem introduzir uma banda de excimer sem estrutura, deslocada a vermelho, no espectro de fluorescência. O efeito solvente em vários parâmetros cinéticos, de equilíbrio e espectroscópicos pode ser experimentalmente avaliado.

A influência dos solventes nos espectros de fluorescência e nos rendimentos quânticos pode ter várias origens, desde a perturbação devida ao índice de refracção do solvente e à constante dieléctrica até à ligação de hidrogénio ou mesmo a complexação entre o fluoróforo e o solvente. Estes factores podem alterar a diferença de energia entre o solo (s_0) e o primeiro estado excitado (s_1) e podem deslocar os espectros de emissão ou afectar os rendimentos de fluorescência (ou fosforescência). A polaridade do solvente provoca uma grande mudança nos espectros de absorção da molécula, tendo um momento dipolo mais elevado. Os efeitos dos solventes deslocam a emissão para uma energia mais baixa devido à estabilização do estado excitado pela molécula de solvente polar. Em geral, o fluoróforo tem um momento dipolo diferente no estado excitado do que no estado moído. Após excitação, os dipolos de solvente podem reorientar ou relaxar em torno do momento dipolo no estado excitado. À medida que a polaridade do solvente é aumentada, este efeito torna-se maior, resultando na emissão a energias mais baixas ou comprimentos de onda mais longos. Apenas os fluoróforos polares apresentam uma grande sensibilidade à polaridade do solvente. Moléculas não polares, tais como hidrocarbonetos aromáticos não substituídos, são muito menos sensíveis à polaridade do solvente.

O termo micropolaridade (polaridade no microambiente em torno de uma molécula de soluto) é utilizado para especificar a sua diferença em relação aos parâmetros de polaridade a granel. Para tal, é considerado o processo modelo, ou seja, o processo de referência sensível ao solvente. O processo pode ser ou um processo de equilíbrio, ou um processo cinético. Um estudo de mudança livre de energia para o processo através de parâmetros adequados tais como constante de equilíbrio, constante de taxa em diferentes solventes é suposto fornecer uma medida empírica da capacidade de solvência para um processo de referência especificado. A determinação da polaridade no local de ligação do fluoróforo dentro dos vários ambientes tem grande importância nos sistemas biológicos. Kosower introduziu uma escala abrangente ao introduzir o parâmetro de polaridade (Z) como a energia de transição, E_T, expressa em kcal mol^{-1} , para os compostos com a banda de absorção de transferência de carga de comprimento de onda mais longa. Um parâmetro (ET(30)) foi desenvolvido por Dimorth e Reichardt, com base na energia de transição para a absorção da transferência de carga intramolecular de betaína [2,6- difenil-4-(2,4,6 trifenil-1-piridino) fenolato]. Kamlet *et al.* introduziram os parâmetros; a, в e n* como medida da capacidade de doação de H-bond do solvente, aceitação de H- bond ou capacidade de doação de pares de electrões para formar uma ligação coordenada e um parâmetro de dipolaridade/polarizabilidade do solvente, respectivamente.

A diferença na distribuição da carga das moléculas fotoexcitadas em relação à das espécies em estado moído produz um efeito significativo no papel do meio na reacção de transferência de prótons em estado excitado. Após fotoexcitação da sonda, as moléculas de solvente polar envolventes sofrem uma reorientação que resulta numa mudança gradual do microambiente. Assim, os solventes polares desempenham um papel muito importante ao solventarem os centros de carga quando os centros doadores e abstraidores de prótons estão presentes dentro de uma molécula em estreita proximidade. Foram feitas tentativas para compreender a dinâmica do solvente no processo de transferência do protão. No trabalho sobre a 3-hidroxiflavona (3HF) e o indole numa série de solventes com constantes dieléctricas na gama de 1,96 a 38,3, Salman e Drickamer notaram que as taxas radiativas se correlacionam bem com a constante (s) dieléctrica (s) de baixa frequência do meio. Ao estudar com as 7-aminocumarinas contendo o grupo de amino amino rígido terciário Uzhinov *et al.* descobriram que o rendimento quântico de fluorescência do produto ESPT deste composto é ligeiramente dependente da substituição do anel de pireno e da natureza do solvente. Reyman *et al.* estudaram a transferência de prótons de harmina e seus derivados em solventes orgânicos. Sugeriram que os solventes polares bloqueiam o anel de *n* indole, inibindo a formação do zwitterion. Além disso, uma investigação recente de Kim *et al.* sobre a propriedade de fluorescência do amino salicilato tanto em solventes protéticos como aprotéticos, mostrou a possibilidade de acoplamento do processo de transferência de carga intramolecular com o processo de transferência de prótons. Contudo, no seu trabalho com tropolona, Shoute *et al.* demonstraram que não se observa qualquer emissão do estado de excitação lnn* estabilizado do solvente. O papel do solvente na determinação da natureza do estado excitado foi também investigado por Swaminathan *et al.* Dogra *et al.* têm estado activamente envolvidos na investigação das reacções ESIPT de moléculas orgânicas bifuncionais em diferentes solventes. Para além da polaridade do solvente, a reacção de transferência de prótons é também afectada por outras interacções específicas, tais como a ligação de hidrogénio. Numa investigação recente, Sur *et al.* observaram que o solvente prototropico assiste o processo de transferência intramolecular de prótons de benzodiazepina, um fluoróforo medicamente potente no estado fotoexcitado e propuseram a ESIPT de benzodiazepina como transferência de prótons assistida por solventes.

Buroker *et al.* deduziram que as taxas intramoleculares ESPT de 3HF e o análogo deuterado são ditadas pela natureza do solvente, mesmo que o solvente seja de natureza não hidrólica. Mais uma vez, observações de Dey *et al.* e Bhattacharyya *et al.* *inferiram* que a fototautomerização intramolecular é restrita em solventes de forte ligação ao hidrogénio como a água.

1.5. Assembleias Auto-organizadas

A importância das assembleias organizadas sobre processos biológicos e fotofísicos tem sido muito experimentada pelos investigadores durante as últimas duas décadas. Em comparação com um solvente a granel (ou mistura homogénea de solventes), as montagens organizadas (acomodação de reagentes em montagens moleculares) possuem muitas propriedades únicas. A propriedade mais significativa das montagens organizadas é a sua capacidade de solubilizar e ligar moléculas de soluto que são normalmente insolúveis ou moderadamente solúveis num solvente a granel puro. Os diferentes microambientes fornecidos pelos meios organizados, têm o potencial para o armazenamento de energia e para controlar tanto o percurso e as taxas de diferentes reacções químicas como os processos fotofísicos. As montagens organizadas podem também modificar extremamente os vários processos de equilíbrio químico ou fotoquímico. O interior destas montagens é bastante diferente da fase de solução a granel. O núcleo interior destas montagens é comparativamente menos polar do que a fase aquosa de solução a granel. Compostos com baixa polaridade ou alta hidrofobicidade residiriam perto da interface ou no núcleo, enquanto os de alta polaridade ou baixa hidrofobicidade residiriam na região a granel. Ao ligar-se às assembleias organizadas, um soluto deveria experimentar um ambiente diferente. Não só a polaridade mas também a viscosidade / rigidez local dentro das montagens organizadas são sensivelmente diferentes do meio líquido a granel. Numerosos estudos com sondas luminescentes foram feitos para estimar tais parâmetros ambientais microscópicos, tais *como:* permissividade relativa efectiva, acidez, viscosidade, etc. Podemos manipular sensatamente o microambiente eficaz e favorecer as propriedades espectrais através da adição de moléculas de soluto nessas montagens organizadas. Para além das propriedades acima mencionadas, os meios organizados são em geral opticamente transparentes, estáveis, fotoquimicamente inativos e moderadamente não tóxicos. Numa palavra, as montagens organizadas fornecem um sistema importante para examinar as propriedades fotofísicas, uma vez que estas podem alterar um fotoprocesso tanto suave como drasticamente.

No estudo fotofísico, não só o ambiente microheterogénico mas também a escolha da molécula da sonda fotossensível é significativa porque a sua profundidade de residência nos meios é utilizada para estimar a acidez, micropolaridade e microviscosidade, etc. da região onde está situada. A espectroscopia surgiu como uma ferramenta sensível para caracterizar meios organizados e alteração significativa de processos fotofísicos em conjuntos microheterogénicos organizados.

1.5.1. Micelles

As moléculas surfactantes anfifílicas competentes em formar micelas, as nanoestruturas dinâmicas, estão a atrair um interesse crucial para os químicos devido à sua importância como catalisadores e potenciadores de solubilidade de uma vasta gama de moléculas orgânicas. A característica interactiva de numerosos fluoróforos em sistemas micelares tem sido estudada devido ao facto de as micelas, num modelo simples, imitarem as membranas dos biosistemas.

Os tensioactivos podem auto-organizar-se sob condições ambientais específicas em solução para formar micelas. Uma das condições ambientais específicas é a concentração micelar crítica, uma propriedade surfactante fundamental em solução. A figura 1.5 mostra a forma caricatural da micela (a) e a representação esquemática da formação da micela (b).

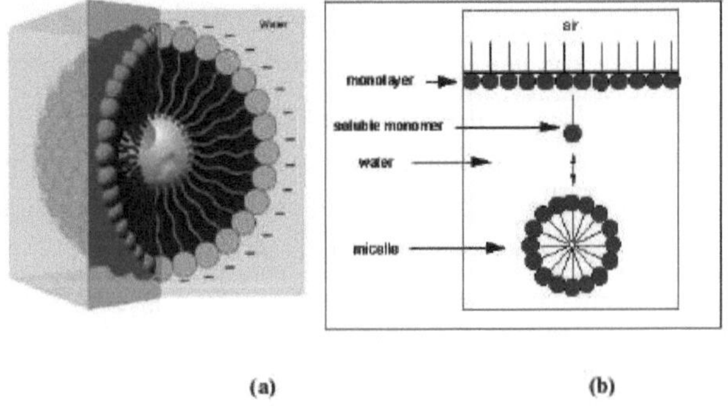

(a)   (b)

Figura 1.5: Representação esquemática da micela (a) e da formação de micelas (b) A micelização ocorre acima de uma concentração micelar crítica, conhecida como CMC, abaixo da qual as moléculas surfactantes estão principalmente dispersas como monómeros. O CMC é uma gama estreita de concentração de agentes activos de superfície na qual as micelas aparecem pela primeira vez em solução, acima da qual a solução mostra uma mudança abrupta numa propriedade física tal como a tensão superficial, pressão osmótica, condutividade eléctrica, etc. Existem vários métodos frequentemente utilizados como a tensiometria, a conduometria, a fluorimetria e a calorimetria para a determinação do valor de CMC. Os métodos espectroscópicos que utilizam corante e outros compostos como sondas, e a auto-absorção de anfíbios em solução são também utilizados para a avaliação da CMC. Além disso, a fluorescência das moléculas das sondas tem sido empregada frutuosamente para os fins acima referidos. Corrin define o CMC como a concentração total de tensioactivos em que um número pequeno e constante de moléculas tensioactivas se encontram na forma agregada. O método da fluorimetria pode ser utilizado prospectivamente para determinar o número médio de agregação de micelas aplicando um protocolo simples.

Basicamente, as micelas constituem uma cadeia não polar de hidrocarbonetos ou polioxietilina (conhecida como a cauda) e um grupo iónico ou polar (conhecido como a cabeça). O comportamento da solução das moléculas tensioactivas reflecte o comportamento único da sua espécie. As moléculas em solução podem sofrer diferentes tipos de interacções: (1) interacção atractiva e repulsiva da parte de hidrocarboneto da molécula com água, (2) interacção atractiva entre caudas de hidrocarboneto em diferentes moléculas, (3) solvação do grupo de cabeça hidrofílica por água, (4) interacções entre grupos de cabeça solvada (geralmente repulsiva), e entre os grupos de cabeça e contracções, no caso do tensioactivo iónico, e (5) restrições geométricas e de embalagem decorrentes da estrutura molecular envolvida. Quando a auto-interacção tanto do tensioactivo como das moléculas de solvente não pode ser compensada pelas suas interacções mútuas, as moléculas tensioactivas tendem a associar-se num padrão regular formando "colóides de associação" ou "micelas".

Três regiões distintas são observadas numa micela, um núcleo não polar formado pela cauda de hidrocarboneto do surfactante, uma camada compacta de popa com os grupos de cabeça ou camada paliçada para micelas não iónicas e uma camada mais larga de Gouy-Chapman contendo os contrários. A camada de popa para micelas iónicas e camada de paliçada para micelas não iónicas consiste em grupos de cabeças polares e moléculas de água largamente estruturadas. As representações esquemáticas da camada da popa e da paliçada foram apresentadas na Figura 1.6.

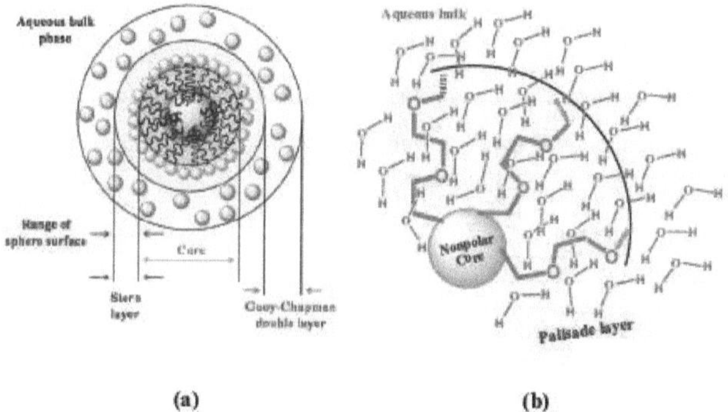

Figura 1.6: Representação esquemática de uma micela iónica (a) e de uma representação esquemática bidimensional das regiões de uma micela esférica não iónica (b). (^-) é a parte hidrofóbica e (МАЛА) é o resíduo hidrofílico e (-) representa a molécula da água, respectivamente.

Os tensoactivos e a solução micelar são a fonte de um campo activo de investigação, uma vez que proporcionam uma aplicação tremenda nas indústrias química e farmacêutica. Os sistemas micelares têm também uma grande variedade de aplicações científicas, de engenharia e tecnológicas. Um bio-conjunto micelar aumenta a solubilidade da molécula do medicamento hidrofóbico, vitamina A, D e E, esteróides, antibióticos, etc. A investigação sobre organização e dinâmica micelar assume um significado especial à luz do facto de que o princípio geral subjacente à formação de micelas é comum a outros conjuntos nanobioassuntos auto-organizados relacionados, tais como micelas invertidas, bilayers, lipossomas, membranas biológicas e ADN.

As propriedades micelares dependem em grande parte do seu tamanho, forma, composição, etc. O comportamento dinâmico na formação das micelas revela que a estrutura da entidade não é rígida. McBain assumiu forma esférica para as micelas iónicas e isto tem sido apoiado por Hartley. Segundo diferentes autores, a maioria dos surfactantes comuns não formam micelas verdadeiramente esféricas. Na concentração mais baixa, as micelas são esféricas com um raio de cerca de 1 a 3 nm, enquanto que podem crescer em forma de vara com maior concentração ou em condições especiais (alta resistência iónica). Tanford propôs que a distorção da forma micelar em elipsóide é a forma mais simples de incorporar um grande número de moléculas nas micelas. De acordo com o facto, pode-se considerar que a elipsóide oblata da maioria das micelas é termodinamicamente mais favorável em relação aos prolongamentos. A informação inclusiva sobre a estrutura das micelas foi recentemente obtida através de raios X de pequeno ângulo e dispersão de neutrões (SAXS e SANS). De acordo com estas observações, a espessura da camada da popa é de 6-9 A para micelas catiónicas CTAB e SDS aniónicas, enquanto que a camada da paliçada é de cerca de 20 A de espessura para TX-100 não iónica. O raio do núcleo hidrofóbico seco do TX-100 é de cerca de 25-27 A.

O estudo espectroscópico das reacções de transferência de prótons fotoinduzidas foi também utilizado como uma excelente ferramenta para investigar características micelares. O campo de estudo da transferência de protões em meios micelares foi estimulado por Duynstee *et al.* onde inferiram que os tensioactivos aniónicos inibem enquanto os catiónicos aumentam a taxa de desvanecimento alcalino de alguns corantes trifenilmetânicos e indicadores de sulfophthalein. A interferência do ambiente micelar no ESPT é manifestada pela sua criação de microheterogeneidade dentro da solução homogénea. As micelas podem influenciar as características espectrais das espécies neutras e iónicas, para além da sua população relativa, em função do local de ligação. Estudos independentes de Fernandez *et al.* e Selinger *et al.* estabeleceram que a taxa de transferência de prótons é afectada em ambiente micelar. Eles relataram sobre o equilíbrio parcial de 1-naftol e pirena-1-amina em micelas, enquanto as sondas geralmente mostram equilíbrio para reacções prototrópicas de estado excitado em solventes homogéneos. Chattopadhyay *et al.* mostraram através do seu estudo vivo que a reacção ESPT para carbazole em ambientes micelares é modificada pelas cargas superficiais do surfactante; uma micela catiónica favorece e uma micela aniónica desfavorece o processo de desprotonação. Além disso, atribuíram a localização provável da sonda hóspede no microambiente micelar. A medição do pH a uma superfície é um dos objectivos de longa data em química. Utilizando espectros de absorção de indicadores de bromophenol, Mukherjee e Banerjee estimaram o pH e pKa na interface água micelar. Eisenthal *et al.* utilizaram a segunda geração harmónica de superfície para determinar o pH da superfície, pKa e potencial na interface ar-água. Os resultados dependem fortemente da natureza da carga de surfactantes. Por exemplo, se o tensioactivo for carregado negativamente, a concentração de iões de hidrogénio na superfície é maior do que a concentração no volume, enquanto que o contrário é verdadeiro para um tensioactivo catiónico. Bhattacharyya *et al.* estudaram a reacção ESIPT da piranina em micelas misturadas com líquido iónico por conversão ascendente de femtossegundos. O aumento da emissão de tautómeros foi atribuído devido à incorporação no interior menos polar e aprox. da micela.

1.5.2. Micelas inversas

As micelas invertidas são os agregados de tensioactivos formados em solventes não polares, nos quais os grupos de cabeças polares dos tensioactivos apontam para dentro enquanto as cadeias de hidrocarbonetos se projectam para fora no solvente não polar. A propriedade notável das micelas inversas é a capacidade de encapsular uma quantidade bastante grande de moléculas de água para formar o que é conhecido como "microemulsão". Até 50 moléculas de água, por molécula do surfactante, podem ser incorporadas dentro das micelas inversas AOT (bis(2-etilhexil)sulfosuccinato de sódio). Uma tal gotícula de água do tamanho de um nanómetro revestida de surfactante, dispersa num líquido não polar, é chamada de "piscina de água". O raio de uma piscina de água varia linearmente com a razão molécula água/superactivo, ('). Uma ilustração esquemática da micela invertida foi representada na Figura 1.7.

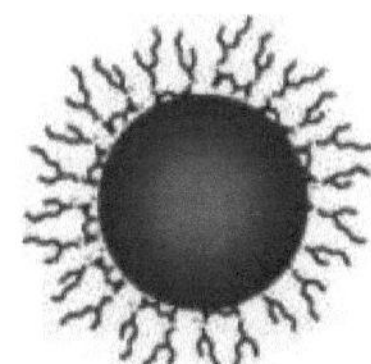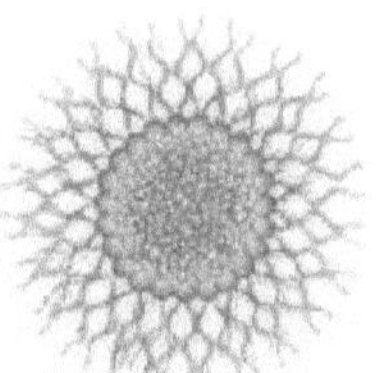

Figura 1.7: Representação esquemática da água em micelas invertidas

As micelas inversas permitem examinar moléculas com vários estados de hidratação, simulando situações presentes em ambientes com restrições hídricas que prevalecem na auto reprodução em sistemas supramoleculares, um processo molecular chave da vida, foi investigado por Luisi *et al.* Tais sistemas modelo são capazes de capturar uma série de características essenciais das membranas biológicas, embora faltando-lhes grande parte das suas complexidades. Em particular, as micelas AOT invertidas têm sido estudadas extensivamente durante as últimas décadas. É um composto não tóxico e pode ser utilizado em preparações farmacêuticas e medicinais. Ao contrário da maioria dos anfípidos e como muitos fosfolípidos, é um tensoactivo aniónico de cauda dupla, que pode ser convenientemente utilizado para fins de solubilização e emulsificação. Como uma das várias vantagens de um sistema micelar AOT invertido, o tamanho da piscina de água pode ser controlado precisamente ao nível do nanómetro através da razão molar água/surfactante. Assim, o efeito do tamanho nas propriedades químicas e físicas na dimensão nanométrica pode ser estudado através da utilização de micelas AOT. No heptano o raio de tal piscina de água é de cerca de 2o (em angstroms) onde o é a razão entre o número de moléculas de água e o número de moléculas tensioactivas. Vários tensioactivos não-iónicos foram recentemente notificados para formar micelas inversas em solventes de hidrocarbonetos puros e mistos. A diferença de polaridade e viscosidade nos diferentes locais dos ambientes micelares inversos torna-os como um modelo muito atractivo para muitos fotoprocessos importantes, incluindo ESPT e ICT.

■ Referências

[1] C.N. Banwell, E.M. Mccash, Fundamentals of Molecular Spectroscopy, 4ª edição, Tata McGraw Hill, Nova Deli, (1995).

[2] B.P. Kamat, J. Seetharamappa, *J. Chem. Sci.* 117 (2005) 649.

[3] D. Ke, X. Wang, Q. Yang, Y. Niu, S. Chai, Z. Chen, X. An, W. Shen, *Langmuir* 27 (2011) 14112.

[4] (a) P.A. Bhat, G.M. Rather, A.A. Dar, *J. Phys. Chem. B* 113 (2009) 997. (b) B.K. Paul, D. Ray, N. Guchhait, *J. Phys. Chem. B* 116 (2012) 9704.

[5] M.K. Sarangi, D. Dey, S. Basu, *J. Phys. Chem. A* 115 (2011) 128.

[6] A. Mallick, P. Purkayastha, N. Chattopadhyay, *J. Photochem. Photobiol. C* 8 (2007) 109.

[7] A. Manna, S. Chakravorti, *J. Mol. Liq.* 168 (2012) 94.

[8] (a) T. Terai, T. Nagano, *Moeda. Opinião. Chem. Biol.* 12 (2008) 515. (b) L.D.C. Baldi, E.T. Iamazaki, T.D.Z. Atvars, *Dyes Pigm.* 76 (2008) 669.

[9] (a) A.P. de Silva, *Nature Chemistry* 4 (2012) 440. (b) T. Ueno, T. Nagano, *Natureza Métodos* 8 (2011) 642.

[10] A. Esposito, M. Gralle, M. Angela C. Dani, D. Lange, Fred S. Wouters, *Biochemistry* 47 (2008) 13115.

[11] I.N. Levine, *Physical Chemistry*, 4th edition, Tata McGraw Hill, Nova Deli, (1995).

[12] J.B. Birks, *Photophysics of Aromatic Molecules*, Wiley Interscience, Nova Iorque, (1970).

[13] K.B. Eisenthal, *"In ultrashort Light Pulses"*, W. Kaiser, Ed., *Topics in Applied Physics*, Springer-Verlag, New York, 60 (1988) 319.

[14] K.K. Rohatgi-Mukherjee, *Fundamentals of Photochemistry*, Wiley Eastern, Nova Deli, (1992).

[15] J.R. Lakowicz, *Principles of Fluorescence Spectroscopy*, terceira ed., Springer, New York,

(2006).

[16] G.M. Barrow, *Introduction to Molecular Spectroscopy*, McGraw-Hill, Kogakusha, Ltd., Tóquio, (1962).

[17] E. Lippert, *Acc. Chem. Res.* 3 (1970) 74.

[18] J.A. Barltrop, J.D. Coyle, *Photochemistry*, Wiley, New York, (1978).

[19] M. Kasha, *Discussion Faraday Soc.* 9 (1950) 14.

[20] J.G. Calvert, J.N. Pitts, *Photochemistry*, Wiley and Sons Inc., (1967).

[21] S. Churassy, J.B. Koffend, P. Crozet, I. Russier, *J. Phys. Chem.* 98 (1994) 7991.

[22] N.N. Barashkov, *Luminescência em Saúde Pública*, Mir. Moscovo (1985).

[23] D.R. Scott, R.S. Becker, *J. Chem. Phys.* 35 (1961) 516.

[24] S.P. McGlynn, T. Azumi, M. Kinoshita, *Molecular Spectroscopy of the Triplet State*, Prentice Hall, Englewood Chiffs, N.J. (1969).

[25] B. Gemein, S.D. Peyerimhoff, *J. Phys. Chem.* 100 (1996) 19257.

[26] M. Kiritani, T. Yoshi, N. Hirota, *J. Phys. Chem.* 98 (1994) 11265.

[27] S.E. Braslavsky, G.E. Heibel, *Chem. Rev.* 92 (1992) 1381.

[28] S.J. Formosinho, H.D. Burrows, M. da Graca Miguel, M.E.D.G. Azenha, I.M. Saraiva, A.C.D. N. Ribeiro, I.V. Khudyakov, R.G. Gasanov, M. Bolte, M. Sarakha, *Photochem. Photobiol. Sci.* 2 (2003) 569.

[29] M.A. Robba, M. Olivucci, *J. Photochem. Photobiol. A* 144 (2001) 237.

[30] Y. Liang, A.S. Dvornikov, P.M. Rentzepis, *J. Photochem. Photobiol. A* 146 (2001) 83.

[31] T. Corrales, F. Catalina, N.S. Allen, C. Peinado, *J. Photochem. Photobiol. A* 169 (2005) 95.

[32] L. Serrano-Andres, M. Merchan, A.C. Borin, *Proc. Natl. Acad. Sci.* 103 (2006) 8691.

[33] D. H. Hernando, F. Guiné, A. Brataas, *Phys. Rev. B 74* (2006) 155426.

[34] N.J. Turro, *Modern Molecular Photochemistry*, The Benjamin/Cummings Publishing Company, Califórnia, (1991).

[35] L. Salen, C. Rowland, *Angew Chem. Int. Ed.* 11 (1972) 92.

[36] P. Hansson, M. Almgren, *J. Phys. Chem. B* 104 (2000) 1137.

[37] D.A. Labiana, G.N. Taylor, G.S. Hammond, *J. Am. Chem. Soc.* 94 (1972) 3679.

[38] R.O. Loutfy, E.R. Menzel, *J. Am. Chem. Soc.* 102 (1980) 4967.

[39] R.M. Clegg, *Fluorescência de Transferência de Energia de Ressonância, Espectroscopia e Microscopia de Fluorescência*, X.F. Wang e B. Herman eds. Nova Iorque: Wiley, (1996).

[40] W. Augustyniak, A. Maciejewski, B. Marciniak, *EPA Newslet.* 34 (1998) 13.

[41] O. Stern, M. Volmer, *Phys. Z.* 20 (1919) 183.

[42] S. Dhar, D.K. Rana, S. C. Bhattacharya, *Colloids Surf. A* 402 (2012) 117.

[43] J.B. Birks, ed., *Organic Molecular Photophysics*, Wiley, New York, (1975).

[44] S.K. Ghosh, P.K. Khatua, S.C. Bhattacharya, *J. Colloid Interface. Sci.* 279 (2004) 523.

[45] A. Mallick, B. Haldar, S. Maiti, N. Chattopadhyay, *J. Colloid Interface. Sci.* 278 (2004) 215.

[46] M. Okamoto, O. Wada, F. Tanaka, S. Hirayama, *J. Phys. Chem. A* 105 (2001) 566.

[47] W. Fudickar, J. Zimmermann, L. Runlmann, J. Schneider, B. Roder, U. Siggel, J.H. Fuhrhop, *J. Am. Chem. Soc.* 121 (1999) 9539.

[48] D. Banerjee, A. Mandal, S. Mukherjee, *Spectrochim. Acta Parte A* 59 (2003) 103.

[49] N. Dhenadhayalan, C. Selvaraju, *J. Phys. Chem. B* 116 (2012) 4908.

[50] A.F. Silva, H.D. Fiedler, F. Nome, *J. Phys. Chem. A* 115 (2011) 2509.

[51] D.T. Cramb, S.C. Beck, *J. Photochem. Photobiol. A* 134 (2000) 87.

[52] G.V. Porcal, C.A. Chesta, M.A. Biasutti, S.G. Bertolotti, C.M. Previtali, *Photochem. Photobiol. Sci.* 11 (2012) 302.

[53] S. Biswas, S.C. Bhattacharya, S.P. Moulik, *J. Colloid Interface Sci.* 271 (2004) 157.

[54] M. De, S. Rana, H. Akpinar, O.R. Miranda, R.R. Arvizo, U.H.F. Bunz, V.M. Rotello, *Química da Natureza* 1 (2009) 461.

[55] F.C. De Schryver, Y. Croonen, E. Gelade, M. Van der Auweraer, J.C. Dederaan, E. Roelants, N. Beens, em *"Surfactante em solução"*, K. Mittal, B. Lindman, Eds. Plenum Press: Nova Iorque, 1 (1984) 663.

[56] R. Zana, em *"Surfactant Solution" (Solução Surfactante): Novos métodos de inversão"*, R. Zana, Ed. Marcel Dekker; Nova Iorque, (1987) 241.

[57] M.H. Gehlen, F.C. De Schryver, *Chem. Rev.* 93 (1993) 199.

[58] P. Ghosh, A. Maity, T. Das, J. Dash, P. Purkayastha, *J. Phys. Chem. C* 115 (2011) 20970.

[59] Y. Li, C.A. McMillan, D.M. Bloor, J. Penfold, J. Warr, J.F. Holzwarth, E. Wyn- Jones, *Langmuir* 16 (2000) 7999.

[60] E. Szajdzinska-Pietek, M. Wolszezak, *Langmuir* 16 (2000) 1675.

[61] M.A. Coutant, T. Le, N. Castagnola, P.K. Dutta, *J. Phys. Chem. B* 104 (2000) 10783.

[62] G.C. Manke II, T.L. Henshow, T.J. Madden, G.D. Hager, *J. Phys. Chem. A* 104 (2000) 1708.

[63] A. Mallick, M.C. Mandal, A. Chakrabarty, P. Das, B. Haldar, N. Chattopadhyay, *J. Am. Chem. Soc.* 128 (2006) 3126.

[64] P. Banerjee, S. Pramanik, A. Sarkar, S.C. Bhattacharya, *J. Phys. Chem. B* 112 (2008) 7211.

[65] A. Chakrabarty, A. Mallick, B. Haldar, P. Purkayastha, P. Das, N. Chattopadhyay, *Langmuir* 23 (2007) 4842.

[66] M.E. Morrison, R.C. Dorfman, S.E. Webber, *J. Phys. Chem.* 100 (1996) 15187.

[67] J.H. Clements, S.E. Webber, *J. Phys. Chem. B* 103 (1999) 9366.

[68] N. Mataga, T. Kubota, *Molecular Interactions and Electronic Spectra,* Marcel Dekker, New York, (1970).

[69] M.P. Schwarz, T. Barak, D. Pines, E.T.J. Nibbering, E. Pines, *J. Phys. Chem. B* 117 (2013) 4594.

[70] R. Simkovitch, S. Shomer, R. Gepshtein, D. Shabat, D. Huppert, *J. Phys. Chem. A* 117 (2013) 3925.

[71] Y.H. Liu, M.S. Mehata, J.Y. Liu, *J. Phys. Chem. A* 115 (2011) 19.

[72] M.K. Sarangi, A. Mitra, S. Basu, *J. Phys. Chem. B* 116 (2012) 10275.

[73] L.P. da Silva, A.J.M. Santos, J.C.G.E. da Silva, *J. Phys. Chem. A* 117 (2013) 94.

[74] C. Song, Y.M. Rhee, *J. Am. Chem. Soc.* 133 (2011) 12040.

[75] R. Du, C. Liu, Y. Zhao, K.M. Pei, H.G. Wang, X. Zheng, M. Li, J.D. Xue, D.L. Phillips, *J. Phys. Chem. B* 115 (2011) 8266.

[76] B.C. Westlake, J.J. Paul, S.E. Bettis, S.D. Hampton, B.P. Mehl, T.J. Meyer, J.M. Papanikolas, J.M. *Phys. Chem. B* 116 (2012) 14886.

[77] B.H. Robinson, G.P. Drobny, *Ann. Rev. Biophys. Biomol. Estruturas.* 24 (1995) 523.

[78] D.P. Miller, R.J. Robinson, A.H. Zewail, *J. Chem. Phys.* 26 (1982) 2080.

[79] M. Quick, A. Weigel, N.P. Ernsting, *J. Phys. Chem. B* 117 (2013) 5441.

[80] D.M. Shcherbakova, M.A. Hink, L. Joosen, T.W.J. Gadella, V.V. Verkhusha, *J. Am. Chem. Soc.* 134 (2012) 7913.

[81] T. Forster, *Z.   Electrochem.* 54   (1950) 531.

[82] A. Weller, *Z.   Electrochem.* 56   (1952) 662.

[83] A. Weller, *Z.   Electrochem.* 60   (1956) 1144.

[84] A. Weller, *Z.   Electrochem.* 61   (1957) 956.

[85] A. Weller, *Naturwissenchaften* 42 (1955) 175.

[86] S. Silvi, A. Arduini, A. Pochini, A. Secchi, M. Tomasulo, F.M. Raymo, M. Barocini, A. Credi, *J. Am. Chem. Soc.* 129 (1997) 13378.

[87] J. Otsuki, M. Tsujino, T. Iizaki, K. Araki, M. Seno, K. Takatera, T. Watanabe, *J. Am. Chem. Soc.* 119 (1997) 7895.

[88] X. Li, L.W. Chung, H. Mizuno, A. Miyawaki, K. Morokuma, *J. Phys. Chem. Lett.* 1 (2010) 3328.

[89] E. Fron, M.V. Auweraer, B. Moeyaert, J. Michiels, H. Mizuno, J. Hofkens, V. Adam, *J. Phys. Chem. B* 117 (2013) 2300.

[90] S.Y. Park, Y. Kim, J.Y. Lee, D.J. Jang, *J. Phys. Chem. B* 116 (2012) 10915.

[91] L. Wang, W. Qin, X. Tang, W. Dou, W. Liu, *J. Phys. Chem. A* 115 (2011) 1609.

[92] I. Presiado, Y. Erez, D. Huppert, *J. Phys. Chem. A* 114 (2010) 13337.

[93] N. Chattopadhyay, *Int. J. Mol. Sci.* 4 (2003) 460.

[94] D. Glick, Methods of Biochemical Analysis 30 (2006) 1.

[95] E. Nachliel, Z. Ophir, M. Gutman, *J. Am. Chem. Soc.* 109 (1987) 1342.

[96] S. Rakshit, R. Saha, P.K. Verma, S.K. Pal, *Photochem. Photobiol.* 88 (2012) 851.

[97] G.W. Robinson, P.J. Thistlethwaite, J. Lee, *J. Phys. Chem.* 90 (1986) 4224.

[98] M. Kondo, I.A. Heisler, D. Stoner-Ma, P.J. Tonge, S.R. Meech, *J. Am. Chem. Soc.* 132 (2010) 1452.

[99] B. Cohen, C.M. Alvarez , N.A. Carmona , J.A. Organero, A. Douhal, *J. Phys. Chem. B* 115(2011)7637.

[100]   M. Tantama, Y.P. Hung, G. Yellen, *J. Am. Chem. Soc.* 133 (2011) 10034.

[101]   A.K. Mandal, S. Ghosh, A.K. Das, T. Mondal, K. Bhattacharyya, *Chem Phys Chem.* 14 (2013)

788.

[102]   S. Chatterjee, T.K. Mukherjee, *J. Phys. Chem. C* 117 (2013) 10799.

[103]   R. Das, G. Duportail, L. Richert, A. Klymchenko, Y. Mely, *Langmuir* 28 (2012) 7147.

[104]   M.K. Sarangi, S. Basu, *Chem. Phys. Lett.* 506 (2011) 205.

[105]   D.A. Kelker, A. Chattopadhyay, *J. Phys. Chem. B* 108 (2004) 12151

[106]   K.J. Tielrooij, M.J. Cox,H.J. Bakker, *Chem Phys Chem.* 10 (2009) 245.

[107]   S.K. Mondal, K. Sahu, S. Ghosh, P. Sen, K. Bhattacharyya, *J. Phys. Chem. B* 116 (2012) 14886.

[108]   B. Pahari, S. Chakraborty, P.K. Sengupta, *J. Mol. Struct.* 1006 (2011) 483.

[109]   B.K. Paul, N. Guchhait, *J. Colloid Interface Sci.* 53 (2011) 237.

[110]   A. Weller, *Prog. Reage. Kinetics* 1 (1961) 188.

[111]   J.F. Ireland, P.A.H. Wyatt, *Prog. Phys. Org. Chem.* 12 (1976) 131.

[112]   T.E. Dermota, Q. Zhong, A.W. Castleman (Jr), *Chem. Rev.* 104 (2004) 1861.

[113]   R. Knochenmuss, I. Fischer, *Int. J. Espectrómetro de Massa.* 220 (2002) 343.

[114]   L.G. Arnaut, S.J. Formosinho, *J. Photochem. Photobiol. A* 75 (1993) 1.

[115]   A.K. Mishra, M. Swaminathan, S.K. Dogra, *J. Photochem.* 26 (1984) 49.

[116]   A.K. Mishra, S.K. Dogra, *J. Photochem.* 29 (1985) 435.

[117]   A.K. Mishra, S.K. Dogra, *J. Chem. Soc. Perkin Trans. II* (1984) 943.

[118]   J.M. L. Nicola's, F. G. Carmona, *J. Agric. Food Chem. 56 (*2008) 7600.

[119]   M.R. Nunzio, B. Cohen, A. Douhal, *J. Phys. Chem. A* 115 (2011) 5094.

[120]   D. Khanduri, A. Adhikary, M.D. Sevilla, *J. Am. Chem. Soc.* 133 (2011) 4527.

[121]   E.D. Alemão, A.M. Kuznetsov, R.R. Dognadaze, *J. Chem. Soc. Faraday Trans. II* 76 (1980) 1128.

[122]   D. Borgis, J.T. Hynes, *J. Phys. Chem.* 100 (1996) 1118.

[123]   D. Borgis, J.T. Hynes, *J. Phys. Chem.* 94 (1991) 3619.

[124]   M. Morillo, R.I. Cukier, *J. Chem. Phys.* 92 (1990) 4833.

[125]   A.J. Kresge, *Acc. Chem. Res.* 8 (1975) 354.

[126]   A. Douhal, F. Lahmani, A.H. Zewail, *Chem. Phys.* 207 (1996) 477.

[127]   A.H. Zewail, *Femtochemistry: Ultrafast Dynamics of the Chemical Bond*, J. Manz, L. Woste, eds., World Scientific, Singapura (1994).

[128]   A.H. Zewail, *Femtosecond Chemistry*, VCH Publishers, Weinheim, vol. 1 e 2 (1995).

[129]   A. Romani, F. Elisei, F. Masetti, G. Favaro, *J. Chem. Soc. Faraday Trans. II* 88 (1992) 2147.

[130]   K. Shinogaki, Y. Kaizu, H. Hirai, H. Kobayashi, *Inorg. Chem.* 28 (1989) 3675.

[131]   M.K. Nazeeruddin, K. Kalyanasundaram, *Inorg. Chem.* 28 (1989) 4251.

[132]   K. Kalyanasundaram, M.K. Nazeeruddin, *Inorg. Chim. Acta.* 171 (1990) 213.

[133]   W. Liu, T.W. Welch, H.H. Thorp, *Inorg. Chem.* 31 (1992) 4044.

[134]   J. Lee, C.H. Kim, T. Joo, *J. Phys. Chem. A* 117 (2013) 1400.

[135]   A. Balcerzyk, A.K.E. Omar, U. Schmidhammer, P. Pernot, M. Mostafavi, *J. Phys. Chem. A*

116 (2012) 7302.

[136]   M. Shmilovits-Ofir, R.B. Gerber, *J. Am. Chem. Soc.* 133 (2011) 16510.

[137]   S. Takeuchi, T. Tahara, *J. Phys. Chem. A* 109 (2005) 10199.

[138]   M. Kasha, *J. Chem. Soc. Faraday Trans. II* 82 (1986) 2379.

[139]   J. Heldt, D. Gormin, M. Kasha, *Chem. Phys.*, 136 (1989) 321.

[140]   M.K. Nayek, S.K. Dogra, *J. Photochem. Photobiol. A*, 169 (2005) 79.

[141]   K. Das, K.D. Ashby, J.W. Petrich, *J. Phys. Chem. B* 103 (1999) 1581.

[142]   K. Das, D.S. English, J.W. Petrich, *J. Am. Chem. Soc.* 119 (1997) 2763.

[143]   T. Mutai, H. Sawatani, T. Shida, H. Shono, K. Araki, *J. Org. Chem.* 78 (2013) 2482.

[144]   S.J. Formosinho, L.G. Arnaut, *J. Photochem. Photobiol. A* 75 (1993) 21.

[145]   M. Pfieffer, K. Lenz, A. Lau, T. Elsaesser, *J. Raman. Spectrosc.* 26 (1995) 601.

[146]   S. Nagaoka, H. Uno, D. Huppert, *J. Phys. Chem. B* 117 (2013) 4347.

[147]   D.K. Rana, S. Dhar, A. Sarkar, S. C. Bhattacharya, *J. Phys. Chem. A* 115 (2011) 9169.

[148]   K.C. Tang, C.L. Chen, H.H. Chuang, J.L. Chen, Y.J.Chen, Y.C. Lin, J.Y. Shen, W.P. Hu, P.T. Chou, *J. Phys. Chem.Lett.* 2 (2011) 3063.

[149]   S. Mandal, S. Ghosh, C. Banerjee, J. Kuchlyan, N. Sarkar, *J. Phys. Chem. B* 117 (2013) 6789.

[150]   P. Miskovsky, *Moeda. Drug Targets* 3 (2002) 55.

[151]   R.F. Service, *Science* 310 (2005) 1762.

[152]   S. Mandal, V. G. Rao, C. Ghatak, R. Pramanik, S. Sarkar, N. Sarkar, *J. Phys. Chem. B* 115 (2011) 12108.

[153]   D. De, K. Santra, A. Datta, *J. Phys. Chem. B* 116 (2012) 11466.

[154]   A. Sytnik, I. Litvinyuk, *Proc. Natl. Acad. Sci. U.S.A.* 93 (1996) 12959.

[155]   J. Zhao, S. Ji, Y. Chen, H. Guo, Yang, P. *Phys.Chem. Chem. Phys.* 14 (2012) 8803.

[156]   P.F. Barbara, W. Jarzeba, *Adv. Photochem.* 15 (1990) 1.

[157]   J.W. Verhoeven, *Pure Appl. Chem.* 62 (1990) 1585.

[158]   T. Kakitani, N. Matsuda, A. Yoshimori, N. Mataga, *Prog. Reage. Kinet.* 20 (1995) 347.

[159]   N. Mataga, H. Miyasaka, *Adv. Chem. Phys.* 107 (1999) 431.

[160]   R.A. Marcus, *J. Phys. Chem.* 94 (1990) 1050.

[161]   N. Mataga, S. Nishikawa, T. Asahi, T. Okada, *J. Phys. Chem.* 94 (1990) 1443.

[162]   R.M. Hermant, N.A.C. Bakker, T. Scherer, B. Kirjnen, J.W. Verhoven, *J. Am. Chem. Soc.* 112 (1990) 1214.

[163]   S. Shoaee, T.M. Clarke, C. Huang,S. Barlow, S.R. Marder, M. Heeney, I. McCulloch, J.R. Durrant, *J. Am. Chem. Soc.* 132 (2010) 12919.

[164]   B.R. Gao, J.F. Qu, Y. Wang, Y.Y. Fu, L. Wang, Q.D. Chen, H.B. Sun, Y.H. Geng, H.Y. Wang, Z.Y. Xie, *J. Phys. Chem. C* 117 (2013) 4836.

[165]   N. Nandi, K. Bhattacharyya, B. Bagchi, *Chem. Rev.* 100 (2000) 2013.

[166]   D.S. Chemla, J. Zyss, *Nonlinear optical Properties of Organic Molecular and Crystals*, Academic Press, New York, (1987).

[167]   M.A. Slifkin, *Charge-transfer Interactions in Biomolecules*, Academic Press, Londres e Nova Iorque, (1971).

[168]   M. Morimoto, S. Kobatake, M. Irie, *Chem. Commun.* (2006) 2656.

[169]   R.S. Mulliken, *J. Am. Chem. Soc.* 74 (1952) 811.

[170]   S.D. Bella, I.L. Fragala, M.A. Ratner, T.J. Marks, *J. Am. Chem. Soc.* 115 (1993) 682.

[171]   S.M. Andrade, S.M.B. Costa, R. Pansu, *J. Colloid Interface Sci.* 226 (2000) 260.

[172]   P. Pal, A. Saha, A.K. Mukherjee, D.C. Mukherjee, *Spectrochim. Acta Parte A* 60 (2004) 167.

[173]   T. Roy, K. Dutta, M.K. Nayek, A.K. Mukherjee, M. Banerjee, B.K. Seal, *J. Chem. Soc. Perkin Trans II* (2000) 531.

[174]   F.P. Pla, J. Palou, R. Valero, C.D. Hall, P. Speers, *J. Chem. Soc. Perkin Trans. 2* (1991) 1925.

[175]   H.A. Benesi, J.H. Hildebrand, *J. Am. Chem. Soc.* 71 (1949) 2703.

[176]   N. Mataga, H. Chosrowjan, S. Taniguchi, *J. Photochem. Photobiol. C* 6 (2005) 37.

[177]   G.M. Neelgund, M.L. Budni, *Monatshefte Fur. Chemie* 135 (2004) 1395.

[178]   L.M. Du, Y.Q. Yang, Q.M. Wang, *Anal. Chim. Acta. A* 516 (2004) 237.

[179]   S. Bhattacharya, M. Banerjee, A.K. Mukherjee, *Spectrochim. Acta Parte A* 58 (2003) 3147.

[180]   S. Bhattacharya, S.K. Nayak, S. Chattopadhyay, M. Banerjee, A.K. Mukherjee, *J. Phys. Chem. B* 107 (2003) 11830.

[181]   S. Bhattacharya, S.K. Nayak, S. Chattopadhyay, M. Banerjee, A.K. Mukherjee, *J. Phys. Chem. A* 106 (2002) 6710.

[182]   S. Bhattacharya, S.K. Nayak, S. Chattopadhyay, M. Banerjee, A.K. Mukherjee, *J. Phys. Chem. B* 107 (2003) 13022.

[183]   A. Saha, S.K. Nayak, S. Chattopadhyay, A.K. Mukherjee, *J. Phys. Chem. B* 108 (2004) 7688.

[184]   Y. Shen, J. Zhang, F. Gu, P. Huang, Y. Xia, *J. Phys. D: Appl. Phys.* 37 (2004) 2579.

[185]   P. Ray, S.C. Bhattacharya, S.P. Moulik, *J. Photochem. Photobiol. A* 107 (1997) 267.

[186]   S. Chatterjee, S.C. Bhattacharya, *Chem. Phys. Lett.* 407 (2005) 407.

[187]   P. Banerjee, S. Pramanik, A. Sarkar, S.C. Bhattacharya, *J. Phys. Chem. B* 113 (2009) 11429.

[188]   T. Forster, *Ann. Phys.* 437 (1948) 55.

[189]   M. Cotlet, T. Vosch, S. Habuchi, T. Weil, K. Mullen, J. Hofkens, F.D. Schryver, *J. Am. Chem. Soc.* 127 (2005) 9760.

[190]   E.R. Goldman, I.L. Medintz, J.L. Whitley, A. Hayhurst, A.R. Clapp, H.T. Uyeda, J.R. Deschamps, M.E. Lassman, H. Mattoussi, *J. Am. Chem. Soc.* 127 (2005) 6744.

[191]   S. Patel, A. Dutta, *J. Phys. Chem. B.* 111 (2007) 10557.

[192]   C.C. Ruiz, J.M. Hierrezuelo, J. Aguiar, J.M. Peula-garcia, *Biomacromolecules* 8 (2007) 2497.

[193]   X. Li, M. McCarroll, P. Kohli, *Langmuir* 22 (2006) 8615.

[194]   S. Kim, S.J. Yoon, S.Y. Park, J. Am. Chem. Soc. 134 (2012) 12091.

[195]   J. Lai, B.P. Shah, E. Garfunkel, K.B. Lee, *ACS Nano* 7 (2013) 2741.

[196]   S.W. Hong, K.H. Kim, J. Huh, C.H. Ahn, W.H. Jo, *Chem. Mater.* 17 (2005) 6213.

[197]   Y. Wu, Y.P. Ho, Y. Mao, X. Wang, B.Yu, K.W. Leong, L.J. Lee, Mol. Pharmaceutics 8 (2011)

1662.

[198] Y. Wang, Z. Wu, Z. Liu, *Anal. Chem.* 85 (2013) 258.

[199] Y. Wang, P. Shen, C.L. Y. Wang, Z. Liu, *Anal. Chem.* 84 (2012) 1466.

[200] A. Manna, D. Sahoo, S. Chakravorti, *J. Phys. Chem. B* 116 (2012) 2464.

[201] A.M. Dennis, W.J. Rhee, D. Sotto, S.N. Dublin, G. Bao, *ACS Nano* 6 (2012) 2917.

[202] C. Reichardt, *Solvents and Solvent Effects in Organic Chemistry*, VCH, Weinheim, (1990).

[203] F. Cichos, A. Willert, U. Rempel, C.V. Borczyskowski, *J. Phys. Chem. A.* 101 (1997) 8179.

[204] R. Karmakar, A. Samanta, *J. Phys. Chem. A* 106 (2002) 4447.

[205] D.M. Willard, R.E. Ritter, N.E. Levinger, *J. Am. Chem. Soc.* 120 (1998) 4151.

[206] E.M. Kosower, H. Dodiuk, K. Tanizawa, M. Ottolenghi, N. Orbach, *J. Am. Chem. Soc.* 97 (1975) 2167.

[207] C. Reichardt, *Chem. Rev.* 94 (1994) 2319.

[208] M.J. Kamlet, J.L.M. Abboud, M.H. Abraham, R.W. Taft, *J. Org. Chem.* 48 (1983) 2877.

[209] D. Reyman, M.H. Vinas, J.M.L. Poyato, A. Padro, *J. Phys. Chem.*, 101 (1997) 768.

[210] O.A. Salman, H.G. Drickamer, *J. Chem. Phys.*, 77 (1982) 3329.

[211] B.D. Bursulaya, S.I. Druzhinin, M.A. Kirpichenok, I.I. Grandberg, B.M. Uzhinov: *Zh. Obsch. Kim.*, 63 (1993) 1405.

[212] D. Reyman, M.H. Vinas, J.J. Camacho, *J. Photochem. Photobiol. A,* 120 (1999) 85.

[213] Y. Kim, M. Yoon, *Bull. Coreano. Chem.*, 19 (1998) 980.

[214] L.C.T. Shoute, V.J. Mackenzie, K.J. Falk, H.K. Sinha, A. Warsylewicz, R.P. Steer, *Phys. Chem. Chem. Phys.*, 2 (2000) 1.

[215] M. Swaminathan, S.K. Dogra, *J. Am. Chem. Soc.,* 105 (1983) 6223.

[216] S. Santra, S.K. Dogra, *J. Mol. Struct.*, 476 (1999) 223.

[217] K.M. Solntsev, D. Huppert, N. Agmon, L.M. Tolbert, *J. Phys. Chem. B*, 104 (2000) 4670.

[218] D. Sur, P. Purkayastha, N. Chattopadhyay, *Ind. J. Chem.* 39A (2000) 389.

[219] G.A. Burcker, T.C. Swinney, D.F. Kelly, *J. Phys. Chem.*, 95 (1991) 3190.

[220] J. Dey, S.K. Dogra, *J. Phys. Chem.*, 98 (1994) 3638.

[221] N. Sarkar, K. Das, S. Das, A. Datta, D.N. Nath, K. Bhattacharyya, *J. Phys. Chem.*, 99 (1995) 17711.

[222] P. Mukherjee, *J. Phys. Chem.* 76 (1972) 565.

[223] K.L. Mittal, P. Mukherjea, *Micellization, Solubilization & Microemulsions I,* K.L. Mittal eds., Plenum Press, New York, (1977).

[224] S.C. Bhattacharya, S. Nandi, S.P. Moulik, *J. Photochem. Photobiol. A* 97 (1996) 57.

[225] D. Myers, *Surfactant Science and Technology*, VCH publishers, New York, (1992).

[226] C. Tanford, *O Efeito Hidrofóbico: Formation of Micelles and Biological Membranes*, 2nd Ed. Wiley, Nova Iorque, (1980).

[227] M.J. Rosen, *Surfactantes e Fenómenos Interfaciais*, 2nd eds., Wiley, New York, (1989).

[228] M. Lesemann, K. Thirumoorthy, Y.J. Kim, J. Jonas, M.E. Paulaitis, *Langmuir* 14 (1998) 5339.

[229] K. Hara, H. Kuwabara, O. Kajimoto, K. Bhattacharya, *J. Photochem. Photobiol. A* 124 (1999) 159.

[230] A.W. Adamson, *Physical Chemistry of Surfaces*, 5th eds., Wiley, New York, Capítulo 1, (1990).

[231] M. Prasad, S.P. Moulik, A. MacDonald, R. Palepu, *J. Phys. Chem. B* 108 (2004) 355 e respectivas referências.

[232] A. Blume, J. Tuchtenhagen, S. Paula, *Prog. Colloid Polym. Sci.* 93 (1993) 118.

[233] J.H. Clint, *Surfactant aggregation*, Blackie, Chapman & Hall, New York, (1992).

[234] D. Attwood, *Microemulsão. In colloidal drug delivery systems*, Kreuter J., ed., Marcel Dekker, New York, (1994).

[235] K.R. Acharya, S.C. Bhattacharya, S.P. Moulik, *J. Photochem. Photobiol. A* 122 (1999) 47.

[236] N.J. Turro, P.L. Kuo, *Langmuir* 1 (1985) 170.

[237] K.K. Rohatgi-Mukherjee, S.C. Bhattacharyya, *J. Photochem. Photobiol. A* 44 (1988) 289.

[238] M.L. Corrin, *J. Colloid Sci.* 3 (1948) 333.

[239] N.J. Turro, A. Yekta, *J. Am. Chem. Soc.* 100 (1978) 5951.

[240] V.K. Bensal, D.O. Shah, *Microemulsões*, L.M. Price, ed. New York: Academic Press, (1977).

[241] K.L. Mittal, ed., *Solution Chemistry of Surfactants*, Nova Iorque: Plenum Press, (1979).

[242] M. Gratzel, *Heterogeneous photochemical electron transfer*, CRC Press: Boca Raton, FL, (1989).

[243] X. Peng, L. Zhang, *Colloids Surf. A* 337 (2009) 21.

[244] H. Alkan-Onyuksel, S. Ramkrishnan, H.B. Chai, J.M. Pezzuto, *Pharm. Res.* 11 (1994) 206.

[245] D.A. Lerner, M.A. Martin, *Analusis* 28 (2000) 649.

[246] C. Tanford, *Science* 200 (1978) 1012.

[247] N. Kimizuka, T. Wakiyama, H. Miyauchi, T. Yoshimi, M. Tokuhiro, T. Kunitake, *J. Am. Chem. Soc.* 118 (1996) 5808.

[248] A. John, W.N. Vreeland, D.L. DeVoe, L.E. Locascio, M. Gaitan, *Langmuir* 23 (2007) 6289.

[249] A. Chattopadhyay, *Chem. Phys. Lipids* 122 (2003) 3.

[250] J.H. Fendler, *Membrane Mimetic Chemistry*, Wiley, New York, (1982).

[251] K. Hara, H. Kuwabara, O. Kajimoto, *J. Phys. Chem. A* 105 (2001) 7174.

[252] H.H. Paradies, *J. Phys. Chem.* 84 (1980) 599.

[253] J.A. Molina-Bolivar, J. Aguiar, C.C. Ruiz, *J. Phys. Chem. B* 106 (2002) 870.

[254] G.D.J. Phillies, J.E. Yambert, *Langmuir* 12 (1996) 3431.

[255] K. Streletzky, G.D.J. Phillies, *Langmuir* 11 (1995) 42.

[256] J.W. McBain, *Colloid Science*, Heath, Boston, (1950).

[257] G.S. Hartley, *Aqueous Solutions of Parafin Chain Salts*, Hermann et Cie, Paris, (1936).

[258] H.V. Tártaro, *J. Phys. Chem.* 59 (1955) 1195.

[259] H. Schott, *J. Pharm. Sci.* 62 (1973) 162.

[260] C. Tanford, *J. Phys. Chem.* 76 (1972) 3020.

[261]   P.H. Elworthy, A.T. Florence, C.B. MacFarlane, *Solubilização por agentes activos de superfície*, Londres: Chapman & Hall, (1968).

[262]   E.A.G. Aniansson, S. Wall, *J. Phys. Chem.* 78 (1974) 1024.

[263]   S.S. Berr, *J. Phys. Chem.* 91 (1987) 4760.

[264]   S. Panja, P. Chowdhury, S. Chakravorti, *Chem. Phys. Lett.* 368 (2003) 654.

[265]   G. Krishnamoorty, S.K. Dogra, *Chem. Phys. Lett.* 323 (2000) 234.

[266]   D. Roy, R. Karmakar, S.K. Mondal, K. Sahu, K. Bhattacharyya, *Chem. Phys. Lett.* 399 (2004) 147.

[267]   E.F.J. Duynstee, E. Grunwald, *J. Am. Chem. Soc.* 81 (1959) 4540.

[268]   D. De, A. Datta, *J. Phys. Chem. B* 115 (2011) 1032.

[269]   V. Ramamurthy, *Photochemistry in Organised and Constrained Media*, VCH, Nova Iorque, (1991).

[270]   M.S. Fernandez, P. Fromherz, *J. Phys. Chem.* 81 (1977) 1755.

[271]   B.K. Selinger, A. Weller, *Aust. J. Chem.* 30 (1977) 2377.

[272]   S. Kundu, N. Chattopadhyay, *Chem. Phys. Lett.* 228 (1994) 79.

[273]   S. Kundu, S.C. Bera, N. Chattopadhyay, *Spectrosc. Lett.* 30 (1997) 1023.

[274]   N. Chattopadhyay, *ACH Models in Chemistry* 134 (1997) 129.

[275]   P. Mukerjee, K. Banerjee, *J. Phys. Chem.* 68 (1964) 3567.

[276]   K.B. Eisenthal, *Chem. Rev.* 96 (1996) 1343.

[277]   T. Mondal, A.K. Das, D.K. Sasmal, K. Bhattacharyya, *J. Phys. Chem. B* 114 (2010) 13136.

[278]   S.P. Moulik, K. Mukherjee, *Proc. Indian. Natl. Sci. Acad.* 62 (1996) 215.

[279]   P.L. Luisi, *Adv. Chem. Phys.* XCII (1996) 425.

[280]   S.K.K. Kumar, A. Tamimi, M.D. Fayer, *J. Am. Chem. Soc.* 135 (2013) 5118.

[281]   P. Setua, C. Ghatak, V.G. Rao, S.K. Das, N. Sarkar, *J. Phys. Chem. B* 116 (2012) 3704.

[282]   A.I. Bulavchenko, M.G. Demidova, D.I. Beketova, *Cryst. Des. de crescimento.* 13 (2013) 485.

[283]   A.M. Durantini, R.D. Falcone, J.J. Silber, N.M. Correa, *J. Phys. Chem. B* 117 (2013) 3818.

[284]   R. Biswas, N. Rohman, T. Pradhan, R. Buchner, *J. Phys. Chem. B* 112 (2008) 9379.

[285]   S.D. Choudhury, M. Kumbhakar, S. Nath, S.K. Sarkar, T. Mukherjee, H. Pal, *J. Phys. Chem. B* 111 (2007) 8842.

[286]   S.R. Prabhu, G.B. Dutt, *J. Phys. Chem. B* 117 (2013) 5868.

[287]   S. Ghosh, C. Banerjee, S. Mandal, V.G. Rao, N. Sarkar, *J. Phys. Chem. B* 117 (2013) 5886.

[288]   X. Wang, R. Wang, Y. Zheng, L. Sun, L. Yu, J. Jiao, R. Wang, *J. Phys. Chem. B* 117 (2013) 1886.

CAPÍTULO 2

ÂMBITO DO LIVRO
2.1. Necessidade de Estudo Presente

A modulação de processos fotofísicos e a sintonia espectral de algumas moléculas de fármacos sintetizadas e biologicamente activas, com potencial actividade terapêutica, através da sua ligação na gaiola de solventes e com vários ambientes microheterogénicos, foram esclarecidas na breve visão geral. Nos últimos tempos, têm-se assistido a florescer estudos coerentes em diferentes campos relacionados com uma galáxia de compostos. A presente tese, dentro do seu âmbito limitado, descreve alguns trabalhos, que tentaram fazer um esforço neste campo a partir de ângulos definidos.

A estreita semelhança das interfaces microheterogénicas organizadas (tais como micelas, micelas inversas) com as bio-unidades como proteínas, enzimas, membranas, etc., motivou os fotocientistas a estudar a interacção de diferentes moléculas bioactivas submetidas a diferentes fotoprocessos com estas montagens organizadas. O encapsulamento de moléculas biologicamente potentes dentro de diferentes nanoassembleias biomiméticas atrai o interesse em explorar a potencial eficácia da sua assinatura fluorescente para a compreensão da sua interacção com alvos biológicos relevantes. Este facto proporciona uma oportunidade única de focalização de fármacos e/ou portadores de fármacos com base na fisiologia. Na primeira parte da presente tese, pretendemos ilustrar a fotofísica do sulfonato de 1-antraceno e derivados de cumarina, compostos medicamente potentes, em alguns ambientes microheterogénicos seleccionados.

Recentemente, o antraceno e os seus derivados despertaram um interesse renovado como novas tecnologias de administração de medicamentos devido às suas actividades antiproliferativas contra um painel de linhas de células tumorais, incluindo fenótipos multirresistentes. O medicamento é amplamente utilizado em quimioluminescência, fotocópia de ADN e agentes fortes de citotoxicidade contra células cancerígenas, etc. O antraceno e os seus derivados são utilizados como sondas fluorescentes para o estudo da dinâmica das moléculas biológicas. Na sulfonação, o monossulfonato formado torna-se hidrossolúvel e produz características fluorescentes interessantes. É importante racionalizar a distribuição do derivado do antraceno nos meios microheterogénicos biomiméticos.

A cumarina constitui uma das principais classes de compostos naturais, e o interesse pela sua química continua a ser inabalável devido à sua utilidade como agentes biologicamente activos. As cumarinas (derivados de 1,2-benzopirona) são de imenso interesse para as suas potenciais aplicações, não só porque têm propriedades luminescentes únicas no âmbito da luz visível, mas também porque têm méritos para demonstrar uma diversidade de reactividade em relação aos substratos biológicos. Estes compostos têm múltiplas actividades biológicas, incluindo a prevenção de doenças, modulação do crescimento e propriedades antioxidantes. Sabe-se que os cumarinos exercem actividade antitumoral *in-vivo* e podem causar alterações significativas na regulação das respostas imunitárias, crescimento celular e desempenham um papel significativo na actividade farmacológica, tais como o antimicrobiano *in-vitro*, U2OS tumoricida, antiHIV e actividade anticancerígena. Embora tenha sido feito um grande número de estudos fotofísicos sobre a cumarina em diferentes ambientes e sob diferentes condições, ainda não existem dados espectroscópicos e fotofísicos suficientes em ambientes microheterogénicos, o que é extremamente essencial para uma melhor compreensão da natureza da ligação e biodistribuição desta molécula dentro das células vivas.

O estado excitado de uma molécula tem uma diferença acentuada na distribuição electrónica em comparação com o seu estado de solo. A fotofísica / fotoquímica de um fluoróforo é grandemente influenciada pelo ambiente à volta da sonda. A literatura projecta que vários factores como a polaridade média, viscosidade, capacidade de ligação ao hidrogénio, etc. desempenham papéis significativos para modificar os fotoprocessos como a transferência de prótons de estado excitado (ESPT), transferência de carga intramolecular (ICT), etc. A modificação da fotofísica devido à ligação de uma molécula de droga sensível ESIDPT foi revisitada nesta dissertação através da Doxorubicina (DOX), uma molécula biologicamente activa, em diferentes solventes homogéneos, bem como solução tampão com pH diferente.

A doxorubicina é um membro do grupo de antibióticos anthracycline. É conhecida por mostrar actividade quimioterapêutica intercalando entre pares de bases de ADN adjacentes e prevenindo a replicação, causando alterações conformacionais na molécula de ADN. O medicamento é amplamente utilizado em quimioterapia, por exemplo, para o tratamento do sarcoma de Kaposi, carcinoma ovariano, ou cancro da mama. Para caracterizar a forma como o medicamento é transportado para o seu alvo, é útil estabelecer uma relação entre o ambiente e as propriedades fotofísicas do DOX. Isto permitirá monitorizar a absorção de DOX por um determinado portador e a sua libertação do portador para um local alvo através da monitorização da alteração dos espectros de absorção e emissão, uma vez que DOX migra do microambiente do portador para o do local alvo. Infelizmente, apenas alguns poucos estudos dispersos relataram as propriedades fotofísicas de DOX e dos seus derivados. Alguns estudos centraram-se na ligação de DOX ao ADN, outros monitorizaram a fluorescência de DOX no interior de células cultivadas. Parte da tese forneceu uma compreensão limitada das propriedades fotofísicas de DOX.

Devido à intensa e inerente contemplação dos campos de investigação biomédica e diagnósticos médicos, os investigadores têm procurado biosensores ópticos empregando drogas fluorogénicas sensíveis a estímulos que exploram várias modalidades devido à sua rápida, não invasiva, descartável, facilmente miniaturizável, simples funcionalidade e sinalização visual. Nos organismos vivos, o pH e a temperatura apresentam impactos cruciais nas actividades celulares e tecidulares, e desvios anormais de pH e temperatura em bio-microambientes estão tipicamente associados a processos fisiopatológicos. Para este fim, concebemos com sucesso um novo biosensor de transferência de energia por ressonância de fluorescência induzida por pH (FRET) utilizando o casal de pirazolina-doxorubicina que pode controlar a eficiência FRET simplesmente através da monitorização do pH médio. Os objectivos imediatos para expandir a utilidade do casal PYZ-DOX para estudos de biologia medicinal incluem a optimização da sensibilidade e selectividade do fornecimento do medicamento às linhas de células tumorais, bem como a melhoria da luminosidade óptica e das gamas dinâmicas para aplicações de imagem.

2.2. Âmbito do Livro

O ponto de vista central da presente tese é focar a modificação fotofísica de alguns importantes sistemas moleculares biologicamente activos seleccionados e sintetizados em sistemas moleculares homogéneos e microheterogéneos diversos. Depois de alguma investigação vívida representada na presente tese, é relevante dar uma visão global ao conteúdo dos próximos capítulos.

2.2.1. Fotofísica modulada de 2-Anthracene Sulphonate em montagem micelar

No capítulo 4, a associação de um tensoactivo não-iónico de polioxietileno-p-(1,1,3,3-tetrametilbutílico)fenil éter (Triton X) da série 2-Anthracene Sulphonate (2-AS) em solução aquosa foi estudada por meio de técnicas de anisotropia de fluorescência e de anisotropia de fluorescência em estado estacionário e resolvidas no tempo. Foi relatado o efeito do comprimento da cadeia hidrofóbica sobre o dinamismo estrutural do fluoróforo. Os resultados experimentais demonstram que o equilíbrio deste dinamismo é sensível ao ambiente. A constante de associação da molécula da sonda com as micelas não iónicas de Triton X (TX), localização da sonda no ambiente micelar, foram determinadas a partir da alteração das características de emissão da sonda em função da concentração do tensioactivo. A taxa constante de têmpera e o modo de têmpera da sonda em meio micelar foram determinados. Foram determinadas estimativas quantitativas da micropolaridade nos locais de ligação da molécula da sonda. Alguns dos parâmetros de fluorescência relevantes dependentes do ambiente, anisotropia de fluorescência (r), foram monitorizados para explorar a restrição motora imposta do microambiente em torno da sonda. Foi feita uma tentativa de correlacionar os resultados de estado estacionário com o estudo de tempo resolvido.

2.2.2. Efeito do ambiente solvente na fotofísica de um bioactivo 7-oxy(5-selenocyanato- pentyl)-2H-1-benzopyran-2-one recentemente sintetizado

No capítulo 5, a síntese e o comportamento solvatocrómico do composto 7-oxy(5-selenocyanato-pentyl)-2H-1-benzopyran-2-one (PCM), um derivado de cumarina bioactivo, que se espera possua propriedades antioxidantes e outras actividades terapêuticas importantes de potência significativa com baixa toxicidade sistemática, foram relatados empregando técnicas de fluorescência em estado estacionário e tempo resolvido. Estudos espectroscópicos revelam que o comportamento solvatocrómico da sonda depende não só da polaridade do meio mas também das propriedades de ligação ao hidrogénio dos solventes. A interacção específica de ligação ao hidrogénio da PCM em solventes polares modulou a ordem dos dois estados unipolares mais próximos. A resposta fotofísica da PCM em diferentes solventes foi explicada considerando as interacções soluto-solvente. Para corroborar estes resultados, realizámos a geometria do estado do solo, a transição de energia mais baixa e o espectro UV da PCM utilizando a teoria funcional da densidade (DFT) e a teoria funcional da densidade dependente do tempo (TD-DFT) ao nível B3LYP/6- 31G*. Encontrámos uma excelente correlação entre os dados espectrais previstos e experimentais, proporcionando uma ferramenta útil na concepção de novas sondas fluorogénicas com potencial actividade terapêutica.

2.2.3. Sondagem espectroscópica do microambiente de 7- oxy(5-selenocyanato-pentyl)   -2H-1-benzopyran-2-onein micelas iónicas e não iónicas

A introdução de uma molécula de droga com actividade terapêutica prospectiva em ambientes microhetrogénicos e a modulação de importantes propriedades fotofísicas é de imensa importância em várias aplicações potenciais. As propriedades fotofísicas de uma nova síntese bioactiva 7-oxy(5-selenocyanato-pentyl)-2H-1- benzopyran-2-one (PCM) tem sido estudada em soluções micelares de sulfato de sódio aniónico de dodecilo (SDS), brometo de cetílico trimetilamónio catiónico (CTAB) e micela não iónica de polioxietanol p-terc-octilfenoxi (TX-100) utilizando técnicas de anisotropia de fluorescência e anisotropia fluorescente em estado estacionário, com resolução temporal. O presente esforço ilustra o grau de acessibilidade do fluoróforo para o supressor de íons pesados na presença de micelas de diferentes características de carga superficial. O têmpera induzida por iões leva a uma diminuição da intensidade de fluorescência no caso de micelas SDS e TX-100, onde, como no CTAB, se observa um aumento da intensidade de fluorescência em micelas. Foi determinada uma estimativa quantitativa da micropolaridade no local de ligação da sonda. A restrição motora imposta do microambiente em redor da sonda foi estabelecida a partir do parâmetro de fluorescência dependente do ambiente, valor da anisotropia de fluorescência (r). Isto foi explicado no capítulo 6.

2.2.4. Dupla ligação intramolecular de hidrogénio como interruptor para induzir a transferência intramolecular de duplo protão em Doxorubicina, em estado excitado: Um estudo de dependência do comprimento de onda de excitação

O capítulo 7 trata da investigação de como as condições da solução, especialmente a polaridade do solvente e a ligação ao hidrogénio, influenciam a fluorescência de um medicamento anticancerígeno, o Cloridrato de Doxorubicina (DOX). Quando excitada a 480 nm, esta molécula mostra uma única fluorescência. No entanto, quando excitada a 346 nm, mostra dupla fluorescência. A transferência intramolecular dupla de prótons em DOX foi observada e investigada para lançar luz sobre a sua espectroscopia e dinâmica correspondentes em diferentes solventes protéticos e aproxícuos. Um aumento do pH resulta no aumento da emissão do conformador iónico com a diminuição paralela da emissão das espécies neutras. Com base nos estudos experimentais e teóricos sobre DOX, propõe-se um mecanismo de transferência intramolecular de duplo próton em estado excitado para explicar a invulgar dupla fluorescência dependente da excitação de DOX.

2.2.5. Um intrigante biosensor de emissão de pirazolina-doxorubicina baseado em pH e aplicação em células vivas

No capítulo 8, foi decifrada uma transferência de energia de ressonância Forster (FRET) única baseada na emissão de biosensores por par de pirazolina-doxorubicina com aplicação de bioimagem em célula viva HepG2, enquanto que a comutação conformacional de ambas as moléculas a pH elevado revela uma torção fascinante (FRET-OFF) através de uma forte formação de exciplexidade fluorescente.

■ Referências

[1] J.R. Lakowicz, *Principles of Fluorescence Spectroscopy*, terceira ed., Springer, New York, (2006).

[2] H. Maeda, T. Sawa, T. Konno, *J. Controlled Release* 74 (2001) 47.

[3] A. Zuse, P. Schmidt, S. Baasner, K. J. Bo "hm, K. Muller, M. Gerlach, E. G. Gunther, E. Unger, H. Prinz, *J. Med. Chem.* 50 (2007) 6059.

[4] W. Miao, *Chem. Rev.* 108 (2008) 2506.

[5] K. Toshima, M. Hasegawa, J.   Shimizu, S. Matsumura, *Arkivoc* 13 (2004) 28.

[6] L. Yang, D. Xiaoyan, S. Yan,   *Chinês J. Chem. Engineering* 16 (2008) 949.

[7] S. Knasmuller, W. Parzefall,   R. Sanyal, S. Ecker, C. Schwab, M. Uhl, V.   Mersch-

Sundermann, G. Williamson, G. Hietsch, T. Langer, F. Darroudi, A.T. Natarajan, *Mutation Research* 402 (1998) 185.

[8] T. Nakashima, N. Kimizuka, *Adv. Mater.* 14 (2002) 1113.

[9] B. Gacal, H. Durmaz, M.A. Tasdelen, G. Hizal, U. Tunca, Y. Yagci, A.L. Demirel, *Macromolecules* 39 (2006) 5330.

[10] D.K. Rana, A. Sarkar, S. Dhar, T.K. Mandal, S.C. Bhattacharya, *J. Lumin.* 130 (2010) 1106.

[11] P. Banerjee, S. Ghosh, A. Sarkar, S.C. Bhattacharya, *J. Lumin.* 131 (2011) 316.

[12] A. Sarkar, S. Pramanik, P. Banerjee, S.C. Bhattacharya, *Colloids Surf. A* 317 (2008) 585.

[13] A. Kotali, I.S. Lafazanis, P.A. Haris, *Tet. Lett.* 48 (2007) 7181.

[14] A. Lacy, R. O'Kennedy, *Moeda. Pharm. Des.* 10 (2004) 3797.

[15] K.C. Fylaktakidou, D.J. Hadjipavlou-Litina, K.E. Litinas, D.N. Nicolaides, *Curr. Fylaktakidou, K.E. Des.* 10 (2004) 3813.

[16] S.G. Kini, S. Choudhary, M. Mubeen, J. Comput. Métodos Mol. Des. 2 (2012) 51.

[17] S. Sardari, Y. Mori, K. Horita, R. G. Micetich, S. Nishibe, M. Daneshtalab, *Bioorg. Med. Chem.* 7 (1999) 1933.

[18] S. Rehman,   M.   Ikram, R.J.   Baker, M.   Zubair, E.   Azad, S.   Min, K.   Riaz, KH

Mok, S.U. Rehman, *Chemistry Central Journal* 7 (2013) 68.

[19] P.P. Ghosh, G. Pal, S. Paul, A.R. Das, *Green Chem.* 14 (2012) 2691.

[20] A. Chatterjee, D. Seth, *Photochem. Photobiol.* 89 (2013) 280.

[21] N. Dhenadhayalan, C. Selvaraju, *J. Phys. Chem. B* 116 (2012) 4908.

[22] J. Chen, W. Liu, B. Zhou, G. Niu, H. Zhang, J. Wu, Y. Wang, W. Ju, P. Wang, *J. Org. Chem.* 78 (2013) 6121.

[23] P. Verma, H. Pal, *J. Phys. Chem. A* 116 (2012) 4473.

[24] S. Santra, G. Krishnamoorthy, S.K. Dogra, *J. Phys. Chem. A* 104 (2000)   476.

[25] D. Reyman, M.H. Vinas, J.J. Camacho, *J. Photochem.   Photobiol. A* 120   (1999) 85.

[26] J. Waluk, A. Grabowska, B. Pakula, J. Sepiol, *J. Phys.   Chem.* 88 (1984)   1160.

[27] R.S. Moog, M. Maroncelli, *J. Phys. Chem.* 95 (1991) 10359.

[28] S. Santra, S. Dogra, *J. Photochem. Photobiol. A* 115 (1998) 249.

[29] K.M. Solntsev, D. Huppert, N. Agmon, L. M. Tolbert, *J. Phys. Chem. B* 104 (2000) 4670.

[30] N. Husain, R.A. Agbaria, I.M. Warner, *J. Phys. Chem* 97 (1993) 10857.

[31] D. Wagner, W.V. Kern, P. Kern, *Clin. InVest.* 72 (1994) 417.

[32] Y. Collins, S. Lele, *J. Nat. Med. Assoc.* 97 (2005) 1414.

[33] J. O'Shaughnessy, *Oncologista* 8 (2003) 1.

[34] T. Htun, *J. Fluoresc.* 14 (2004) 217.

[35] C.E. Soltys, M.F. Roberts *Biochem.* 33 (1994) 11608.

[36] J.D. Dignam, X. Qu, J. Ren, J.B. Chaires, *J. Phys. Chem. B* 111 (2007) 11576.

[37] C. Friesen, M. Uhl, U. Pannicke, K. Schwarz, E. Miltner, K.M. Debatin, *Biol. Célula* 19

(2008) 3283.

[38] D. Engel, A. Nudelman, I. Levovich, T.G. Fischer, M.E. Meer, D.R. Phillips, S.M. Cutts, A. Rephaeli, *J. Cancer Res Clin. Oncol.* 132 (2006) 673.

[39] S.K. Peirce, H.W. Findley, *Int. J. Oncology* 34 (2009) 1395.

[40] X. Dai, B.Z. Yue, M.E. Eccleston, J. Swartling, N.K.H. Slater, C.F. Kaminski, *Nanomedicine* 4 (2008) 49.

[41] X. Zhang, L. Meng, Q. Lu, Z. Fei, P.J. Dyson, *Biomaterials* 30 (2009) 6041.

[42] H. Huang, E. Pierstorff, E. Osawa, D. Ho, *Nano Lett.* 7 (2007) 3305.

[43] F. Shen, S. Chu, A.K. Bence, B. Bailey, X. Xue, P.A. Erickson, M.H. Montrose, W.T. Beck, L.C. Erickson, *Phrmacology* 324 (2008) 95.

[44] X. Zhou, F. Su, H. Lu, P. Senechal-Willis, Y. Tian, R.H. Johnson, D.R. Meldrum, *Biomaterials* 33 (2012) 171.

[45] T.R. Martz, J.J. Carr, C.R. French, M.D. DeGrandpre, *Anal. Chem.* 75 (2003) 1844.

[46] X. Wan, S. Liu, *J. Mater. Chem.* 21 (2011) 10321.

CAPÍTULO 3

SECÇÃO EXPERIMENTAL

O presente capítulo trata de alguns detalhes da instrumentação e das técnicas adoptadas para as investigações descritas nesta tese. Dá também uma descrição sobre as moléculas de fluoróforo investigadas e cita os outros materiais explorados durante a realização dos estudos programados.

3.1. Instrumentação e Técnicas

3.1.1. Medidas de absorção em estado estável

Todas as medições de absorção foram realizadas num espectrofotómetro Shimadzu (Modelo UV 1700). As fontes de luz são lâmpada de deutério para os estudos UV e lâmpada de tungsténio para os estudos na região visível. Para o efeito experimental foi utilizado um par de células de quartzo de 1 cm de comprimento de percurso óptico. A disposição óptica do espectrofotómetro UV 1700 é a seguinte (Figura 3.1.):

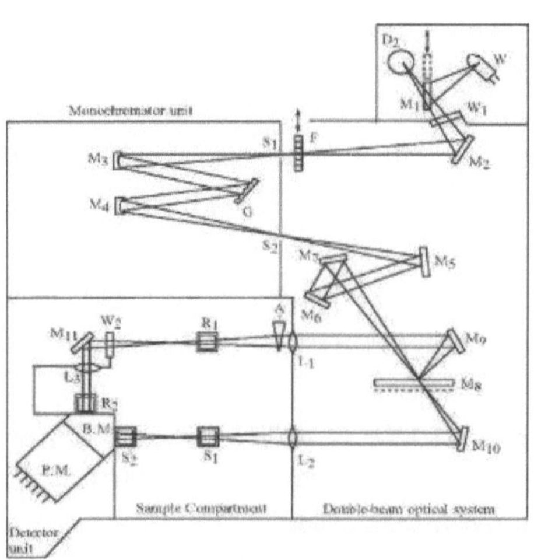

Figura 3.1: Sistema óptico do espectrofotómetro Shimadzu UV-1700. Nesta figura, D2: Lâmpada de Deutério; W: Lâmpada de tungsténio; Mi ~ M11: Espelhos; Wi, W2: Janelas de quartzo; F: Filtro de corte de radiação; s1, s2: Fendas de entrada e saída; G: Grelha; L1 - L3 : Lentes de quartzo; A: Atenuador óptico; s1, R1: Porta células primárias (para solução transparente); s2, R2: Suportes de célula secundária (para solução turva); BM: Misturador de feixe; PM: Fotomultiplicador de fim de linha.

3.1.2. Medidas de fluorescência de estado estável

As medições de fluorescência em estado estacionário foram realizadas utilizando um espectrofluorímetro Spex Fluorolog- II (Modelo No. F111AI). Uma lâmpada de xénon estável de 150W foi utilizada como fonte para excitação da amostra. Os sinais de fluorescência foram recolhidos em ângulo recto com a luz incidente. Há também condições para a recolha de fluorescência na face frontal. As operações do instrumento e o processamento dos dados foram controlados através do software DM3000F. Os rendimentos quânticos foram calculados a partir de uma comparação da área sob a curva de emissão dada pela amostra com a de uma solução padrão de sulfato de quinino em ácido sulfúrico 0,1N (rendimento quântico, 0,54) utilizando o software DM3000F fornecido juntamente com o sistema Spex. A disposição óptica do instrumento é a seguinte (Figura 3.2.):

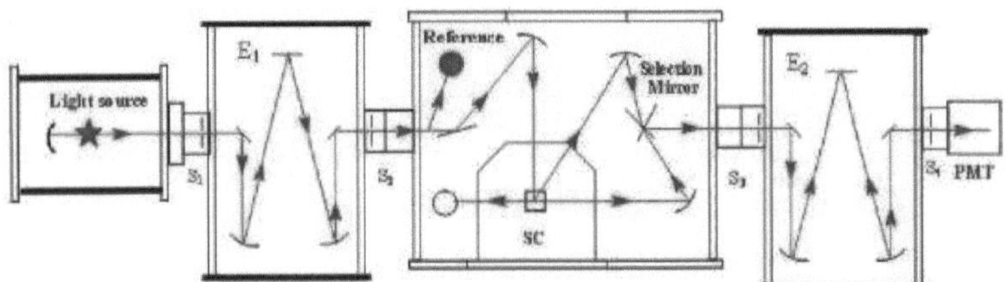

Figura 3.2: Esquema óptico do espectrofluorímetro Spex Fluorolog II. No espectrofluorímetro, E1 e E2: monocromadores de excitação e emissão; SC: compartimento de amostras; S1, s2, s3 e s4: fendas; PMT: tubo fotomultiplicador.

3.1.3. Medições da Fluorescência ao longo da vida

As durações de fluorescência foram determinadas a partir do decaimento da intensidade resolvida no tempo pelo método de contagem de um fotão relacionado com o tempo (TCSPC). Utilizámos três díodos laser de nanossegundo a 295 nm (IBH, N-295), 370 nm (IBH, picoLED-03), 375 nm (IBH, UK) e 403 nm (IBH, picoLED-07) como fonte de luz ao longo das nossas medições de fluorescência ao longo da vida útil. O tempo de resposta típico desses sistemas laser é de 10 ps (para IBH, N-295), 1,1 ns (para IBH, picoLED-03), 90 ps (para IBH, UK) e 70 ps (para IBH, picoLED-07), respectivamente. Os dados armazenados num analisador multicanal foram transferidos rotineiramente para o software de análise de decaimento IBH DAS-6. Para todas as medições do tempo de vida útil, as curvas de decaimento da fluorescência foram analisadas por um programa de ajuste iterativo único e biexponencial fornecido pela IBH, tais como

$$F(t)=\sum_i \alpha_i \exp(-t/\tau_i) \qquad (3.1)$$

α_i é um factor pré-exponencial que representa a contribuição fraccional para a decomposição temporal resolvida do componente com um τ_i vitalício. Os tempos médios de vida $<\tau>$ para decaimentos biexponenciais da fluorescência foram calculados a partir dos tempos de decaimento e dos factores pré-exponenciais usando a seguinte equação.

$$<\tau>=\frac{\alpha_1\tau_1+\alpha_2\tau_2}{\alpha_1+\alpha_2} \qquad (3.2)$$

3.1.4. Medidas de anisotropia de fluorescência de estado estável

As medições de anisotropia de fluorescência em estado estável foram realizadas com um espectrofluorómetro Horiba Jobin Yvon fluoromax-4. Para as medições de anisotropia, as larguras de banda de excitação e emissão foram de 3 nm cada. A anisotropia de estado estacionário (r) pode ser representada como

$$r = (I_{VV} - GI_{VH})/(I_{VV} + 2GI_{VH}) \tag{3.3}$$

onde IVH e IVV são as intensidades obtidas a partir do polarizador de excitação orientado verticalmente e o polarizador de emissão orientado nas direcções horizontal e vertical, respectivamente. O factor de graduação, G, é definido como G = IHV/IHH.

3.1.5. Medidas de anisotropia de fluorescência com resolução temporal

Para medições de anisotropia de fluorescência, as amostras foram excitadas a 440 nm usando um laser de díodo picossegundo (IBH) e um tubo fotomultiplicador de placa de Hamamatsu (3809U) como o detector. A função de resposta do instrumento da configuração foi de -80 ps. Para a decomposição da anisotropia, utilizámos um polarizador motorizado no lado da emissão. As intensidades de emissão em polarizações paralelas (IVV) e perpendiculares (IVH) foram recolhidas alternadamente através da rotação do analisador a intervalos regulares até se atingir uma diferença de pico predefinida (aqui 10000 contagens de fluorescência). O valor pré-definido, contudo, dependia da correspondência da cauda das decomposições paralelas e perpendiculares. Para melhorar a relação sinal/ruído, os conjuntos de dados foram calculados em conjunto. A anisotropia resolvida no tempo [r(t)] é definida pela seguinte relação

$$r(t) = [I_{VV}(t) - GI_{VH}(t)] / [I_{VV}(t) + 2GI_{VH}(t)] \tag{3.4}$$

onde G é o factor de correcção para a sensibilidade do detector à detecção da polarização da emissão. As decomposições foram analisadas utilizando o software de análise de decomposição IBH DAS-6. A melhoria do ajuste foi avaliada por // critério e inspecção visual da aleatoriedade dos resíduos da função ajustada aos dados.

3.1.6. Medições de pH

Os pHs das diferentes soluções, sempre que necessário, foram medidos por medidor de pH (modelo ELICO LI614).

3.1.7. Medições de espectros de ressonância magnética nuclear (NMR)

Os espectros NMR foram registados com o espectrómetro Brucker AC-300MHz NMR num espectrómetro de 300 MHz para protão e 75 MHz para carbono em solução CDCl3 utilizando tetrametilsilano como referência interna. A constante de acoplamento (J) foi relatada em Hz.

3.1.8. Medições de dispersão dinâmica da luz (DLS)

As dimensões e distribuições das macromoléculas biomimicas foram extraídas das medições de dispersão dinâmica da luz (DLS). A medição DLS fornece uma forma eficaz de investigar a dimensão de conjuntos macromoleculares e supramoleculares. As medições de dispersão dinâmica da luz (DLS) foram realizadas utilizando um espectrofotómetro de dispersão dinâmica da luz Nano-ZS Zetasizer Malvern (ZEN 3600), equipado com uma fonte laser vermelha (a 633 nm) e uma câmara de amostra termostato. Todas as medições foram efectuadas a um ângulo de 90°. As amostras foram filtradas várias vezes através de um filtro de membrana de 0,22 gm de milipore antes das medições. Um determinado diâmetro hidrodinâmico e distribuição de tamanho foi então avaliado a partir dos dados das tiragens e o procedimento operacional foi programado pelo software DTS.

3.1.9. Medições de espectros de massa

O espectro de massa foi registado em JMS600 no espectrómetro de massa de ionização EI. As análises elementares foram registadas no analisador automático Perkin-Elmer 2400II. A cromatografia em coluna foi realizada utilizando sílica gel (60-120 mesh) (Qualigen India).

3.1.10. Medições do ponto de fusão

Os pontos de fusão foram determinados num aparelho de ponto de fusão capilar [SMP3 Apparatus (Bibby, STERILIM, UK)] sem correcção.

3.1.11. Optimização das estruturas moleculares: Procedimento computacional

Embora sendo menos explícito que o método *ab-initio*, os métodos semi-empíricos foram estabelecidos para serem extremamente úteis, particularmente para os grandes sistemas moleculares, na explicação de estruturas, energéticos e reactivos em diferentes estados electrónicos. Para os nossos cálculos teóricos, foi utilizado o pacote de software comercial Hyperchem 6.01 (Hypercube Inc., Canadá). Para a optimização da geometria e para determinar as dimensões de algumas sondas no vácuo, utilizámos o método semi-empírico AM1-SCI.

A teoria funcional da densidade (DFT) é um método de modelação mecânica quântica utilizado em física e química para investigar a estrutura electrónica (principalmente o estado do solo) de muitos sistemas corporais, em particular átomos, moléculas, e as fases condensadas. Com esta teoria, as propriedades de um sistema de muitos electrões podem ser determinadas através da utilização de funções, ou seja, funções de outra função, que neste caso é a densidade de electrões espacialmente dependente. Assim, a teoria funcional da densidade de nomes provém do uso de funções da densidade de electrões. A DFT está entre os métodos mais populares e versáteis disponíveis na física da matéria condensada, física oomputaoional, e química computacional.

Entre as abordagens capazes de fornecer as energias de transição relacionadas com os estados excitados electronicamente, a teoria funcional da densidade dependente do tempo (TDDFT) aparece como uma das mais bem sucedidas em termos do equilíbrio entre a precisão obtida e o custo computacional requerido. Isto explica a popularidade do TDDFT para modelar os espectros de absorção e fluorescência das moléculas orgânicas e inorgânicas.

Para o estudo teórico da fotofísica de estado excitado de diferentes compostos bioactivos, utilizámos o pacote Gaussian 03. As geometrias do estado do solo dos compostos foram optimizadas utilizando o método de troca híbrida de três parâmetros de Becke com o método de correlação funcional Lee-Yang-Parr (B3LYP) em conjunto com o conjunto de bases 6-31+G*. Os cálculos das excitações verticais, os gráficos de densidade de diferença, e a optimização dos estados excitados foram realizados utilizando o DFT dependente do tempo, a função B3LYP (TD-B3LYP) e o conjunto de bases 6-31+G*. Os orbitais de fronteira HOMO e LUMO dos compostos foram calculados pelos métodos TD- DFT ao nível de B3LYP/6-31G*.

3.2. Moléculas investigadas e suas estruturas e Purificação

Num estudo fotofísico, não só a escolha de uma interface organizada, mas também a escolha da sonda fotossensível é importante por muitas razões. Na presente tese estudámos vários fotoprocessos de algumas moléculas de fluoróforo em montagem homogénea e microheterogénica. Para além das suas importantes aplicações biológicas e clínicas, estas sondas possuem também uma maior capacidade de interagir profusamente com os meios de reacção concebidos.

O 2-Anthracene Sulphonate (2-AS) foi preparado reduzindo a antraquinona correspondente com pó de Zn e 20% de solução de NaOH durante 4-6 horas. Os produtos foram tratados com carvão activo para remover vestígios de antraquinona e outras impurezas, cristalizados quatro vezes a partir de água e obtidos como sal de sódio. A estrutura do fluoróforo é dada no *Esquema 3.1.*

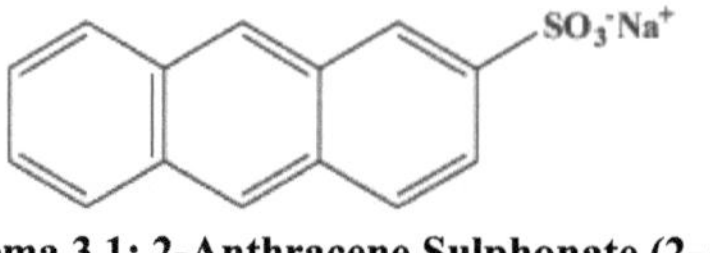

Esquema 3.1: 2-Anthracene Sulphonate (2-AS)

Examinámos que o comportamento espectral de um potencial derivado de cumarina bioactiva (abreviado como PCM) em interfaces microhetrogénicas homogéneas organizadas, bem como diversas.

O PCM composto (*Esquema 3.2.*), [7-oxy(5-selenocyanato-pentyl)-2H-1- benzopyran-2-one], foi sintetizado seguindo o procedimento mencionado no esquema de síntese descrito mais adiante.

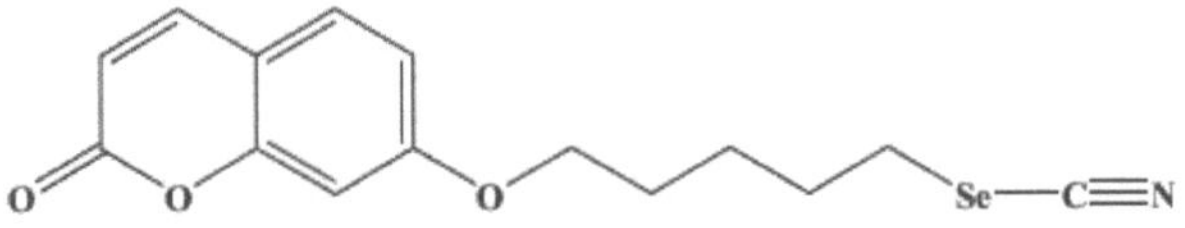

Esquema 3.2: 7-oxy(5-selenocyanato-pentyl)-2H-1-benzopyran-2-one (PCM).

Outra molécula potencialmente bioactiva de droga, o cloridrato de doxorubicina (abreviado como DOX), uma sonda de transferência intramolecular dupla de prótons (ESIDPT) em estado excitado, foi adquirida à Fluka (Oakville, Canadá) e utilizada sem qualquer outra purificação. A estrutura do medicamento foi dada no *Esquema 3.3.*

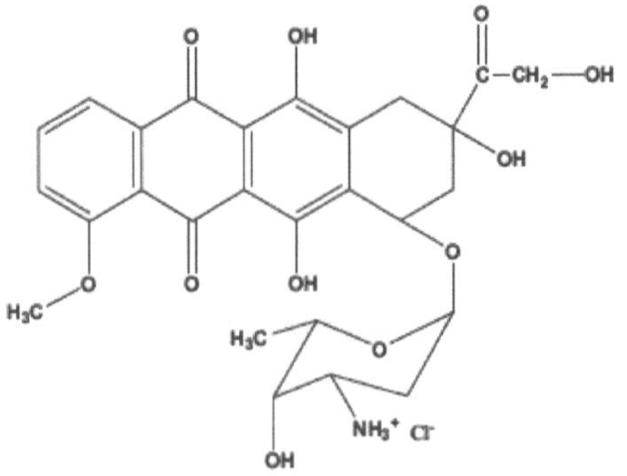

Esquema 3.3: Cloridrato de doxorubicina (DOX)

Derivado da pirazolina (*Esquema 3.4.*), [Etil-1-(4-bromofenil)-3-(4-ciano-3-metil- 1fenil-1Hpirazole-5-il)-4,5-di-hidro-1Hpirazole-5-carboxilato   ], outro

molécula de droga potencialmente bioactiva, foi sintetizada seguindo o procedimento

mencionado no esquema de síntese descrito noutro local.

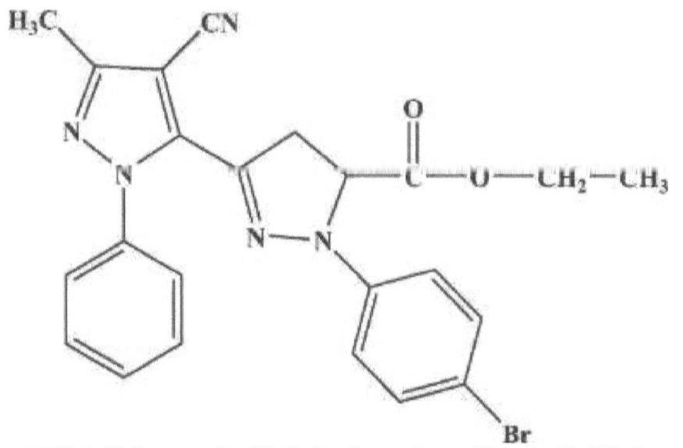

Esquema 3.4: **Etil-1-(4-bromofenil)-3-(4-ciano-3-metil-1-fenil-1Hpirazole-   5-yl)-4,5-dihidro-1H pirazole-5-carboxilato (PYZ).**

3.3. Materiais utilizados

Para além dos sistemas fluoróforos acima mencionados, outros produtos químicos e materiais foram também essenciais para a realização dos estudos fotofísicos relatados na tese.

Foram necessários vários materiais para preparar vários ambientes homogéneos e microheterogéneos onde foram realizados os estudos fotofísicos dos fluoróforos acima mencionados. Estes itens são mencionados abaixo.

Os tensioactivos não-iónicos comercialmente disponíveis Triton X-114 (TX-114), Triton X100 (TX-100), Triton X-165 (TX-165) e Triton X-305 (TX-305) eram de produtos Aldrich e utilizados como recebidos. Outro tensioactivo aniónico sulfato de sódio e dodecilo (SDS) foi adquirido ao BDH, o tensioactivo catiónico brometo de cetílico trimetilamónio (CTAB) foi todo adquirido à Aldrich e foi utilizado tal como recebido. Antes da sua utilização foi verificado que os tensioactivos não contribuíam nem para a absorção nem para a fluorescência na região espectral de interesse.

Todos os solventes 1, 5-dibromo pentano, dioxano (DX), tetrahidrofurano (THF), dimetilformamida (DMF), acetonitrilo (ACN), etanol (EtOH), metanol (MeOH), etilenoglicol (EG), ciclohexano (CYHX), n-heptano (HEP) utilizados eram todos de E. Merck (grau HPLC). Os solventes foram secos de acordo com o método descrito noutro local. Os solventes purificados e secos eram transparentes na região espectral de interesse.

7-hydroxy-2H-1-benzopyran-2-one, o material de partida para a síntese de PCM, [7- oxy(5-selenocyanato-pentyl)-2H-1-benzopyran-2-one] foi obtido de Sigma- Aldrich e foi utilizado para síntese sem purificação adicional.

Todos os sais [$CuSO_4$, $CoSO_4$, $NiSO_4$, $MnSO_4$, $ZnSO_4$, $CsCl$, NaH_2PO_4 e Na_2HPO_4] foram comprados à Merck e foram utilizados como recebidos. Ureia de grau analítico (Merck, Alemanha) foi utilizada como recebida. O sulfato quínico foi adquirido à Sigma-Aldrich e foi utilizado sem purificação adicional.

A água de Millipore foi utilizada para a realização das experiências em meio aquoso, bem como as interfaces microheterogénicas aquosas. O rendimento quântico de fluorescência (φ_f) foi medido em relação ao sulfato de quinino (φ_f= 0,54 em 0,1M H2SO)4.

Todas as medições foram feitas repetidamente e foram obtidos resultados reprodutíveis. Todos os espectros de fluorescência foram corrigidos em função da resposta instrumental. Todas as experiências foram realizadas à temperatura ambiente (298 K).

Cultura de células

A linha celular de hepatocarcinoma humano HepG2 foi cultivada como monocamadas em meio DMEM contendo 110 mg/l de piruvato de sódio, 0,37% (p/v) de Na2HCO3 e 10% de soro fetal bovino (FBS). As células foram imobilizadas em lâminas de cobertura revestidas de polilisina antes do tratamento.

Imagens de células vivas

As monocamadas de HepG2 foram colhidas, lavadas com PBS-glucose a 48 °C, e autorizadas a aderir a lâminas revestidas de polilisina. As células aderidas foram sobrepostas com solução de coloração, e após 5-15 min foram observadas sob um microscópio confocal Leica DMIRB. As soluções de coloração continham PBS-glucose e Mitotracker Deep Red (1 mM) ou Rhodamine 123 (0,2 mg/ml). O comprimento de onda do laser de iluminação foi de 405 nm (PYZ). As amostras de controlo e experimentais foram digitalizadas e analisadas sob ganho idêntico e outros parâmetros. A captura de imagens, processamento e quantificação da fluorescência foram efectuados utilizando o software confocal Leica SP2.

3.4. Síntese da molécula alvo

Aqui, foi demonstrado o procedimento de síntese da molécula PCM acima referida, um derivado bioactivo da cumarina. Para a síntese, todas as reacções foram conduzidas em condições anidras, os solventes (DMF, MeOH) foram bem secos e as reacções foram conduzidas utilizando vidro seco ao forno.

Síntese:

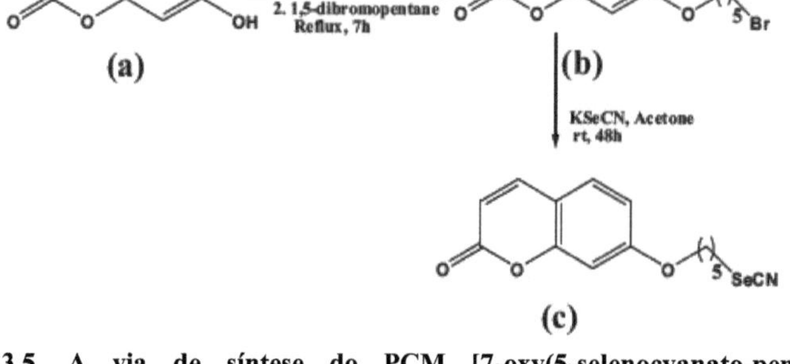

Esquema 3.5. A via de síntese do PCM [7-oxy(5-selenocyanato-pentyl)-2H-1-

benzopyran-2-one].

O PCM foi sintetizado seguindo um procedimento em duas etapas, como se mostra no Esquema 3.5. Uma mistura de 7- hidroxi-2H-1-benzopyran-2-one (**a**) (1,5 g, 0,9 mol) e K2CO3 anidro (2,5 g, 1,8 mol) em acetona seca foi refluxada durante 2 h sob atmosfera N2. Após arrefecimento à temperatura ambiente, 1, 5-dibromopetano (2,5 ml, 1,8 mol) foi adicionado à mistura e refluxado durante mais 7 h. O composto bromo resultante (**b**) foi extraído por acetato de etilo e purificado por cromatografia de coluna utilizando éter de petróleo / acetato de etilo. (Yield 78%, M.p. 73° C). O desejado selenocianato (**c**) foi obtido por adição gota a gota de uma solução de KSeCN anidro (1,2 g, 0,83 mol) em acetona a uma suspensão agitada do composto bromo (1,7 g, 0,55 mol) durante um período de 1 h a 25° C. A mistura de reacção foi agitada durante 48 h à temperatura ambiente (a reacção foi monitorizada por T.L.C.). O produto (**c**) foi extraído com CHCl3 e purificado por cromatografia em coluna, utilizando éter de petróleo/ CHCl3. Rendimento: 82%, M.p. 67oC. Umax (KBr)zcm^{-1} : 2148 (C=N), 1708 (C=O).

1H **NMR** (CDCl3, 300 MHz TMS=0,00) **6:** 1,65 (m,CH2, 2H); 1,86 (m, CH2, 2H); 1,95 (m, CH2, 2H); 3,46 (t, CH2, 2H, $J=6,6$ Hz); 6,25 (d, Ar-H, 1H, $J=9.4$ Hz); 6,82 (dd, Ar-H, 1H, $J=8,4$ e 2,4 Hz); 6,85 (d, Ar-H, 1H, $J=2,4$ Hz); 7,37 (d, Ar-H, 1H, $J=8,5$ Hz); 7,64 (d, Ar-h, 1H, $J=9,4$ Hz). 13C **NMR** (CDCl3): **6:** 25,99, 27,37, 28,23, 29,18, 30,55, 67,99, 101,33, 112,51, 112,81, 113,04, 128,70, 128,76, 143,48, 155,84, 161,15, e 162,08. **MS (ES+)** m/z: 360.10 (M^+ +Na).

■ Referências

[1] J.N. Demas, G.A. Crosby, *J. Phys. Chem.* 75 (1971) 991.

[2] J.R. Lakowicz, *Principles of Fluorescence Spectroscopy*, terceira ed., Springer, New York, (2006).

[3] P. Banerjee, S. Pramanik, A. Sarkar, S.C. Bhattacharya, *J. Phys. Chem. B* 113 (2009) 11429.

[4] D. Jacquemin, J. Preat, E.A. Perpete, C. Adamo, *Int. J. Quantum Chem.* 110 (2010) 2121.

[5] R.E. Stratmann, G.E. Scuseria, M.J. Frisch, *J. Chem. Phys.* 109 (1998) 8218.

[6] J.P. Perdew, A. Ruzsinsky, J. Tao, V.N. Staroverov, G.E. Scuseria, G.I. Csonka, *J. Química. Phys.* 123 (2005) 062201.

[7] A. Dreuw, M. Head-Gordon, *Chem. Rev.* 105 (2005) 4009.

[8] V. Barone, A. Polimeno, *Chem. Soc. Rev.* 36 (2007) 1724.

[9] D. Jacquemin, E.A. Perpete, I. Ciofini, C. Adamo, *Acc. Chem. Res.* 42 (2009) 326.

[10] M.J. Frisch, G.W. Trucks, H.B. Schlegel, G.E. Scuseria, M.A. Robb, J.R. Cheeseman, J.A. Jr. Montgomery, T. Vreven, K.N. Kudin, J.C. Burant, J.M. Millam, S.S. Iyengar, J. Tomasi, V. Barone, B. Mennucci, M. Cossi, G. Scalmani, N. Rega, G.A. Petersson, H. Nakatsuji, M. Hada, M. Ehara, K. Toyota, R. Fukuda, J. Hasegawa, M. Ishida, T. Nakajima, Y. Honda, O. Kitao, H. Nakai, M. Klene, X. Li, J.E. Knox, H.P. Hratchian, J.B. Cross, V. Bakken, C. Adamo, J. Jaramillo, R. Gomperts,

R.E. Stratmann, O. Yazyev, A.J. Austin, R. Cammi, C. Pomelli, J.W. Ochterski, P.Y. Ayala, K. Morokuma, G.A. Voth, P. Salvador, J.J. Dannenberg, V.G. Zakrzewski, S. Dapprich, A.D. Daniels, M.C. Strain, O. Farkas, D.K. Malick, A.D. Rabuck, K. Raghavachari, J.B. Foresman, J.V. Ortiz, Q. Cui, A.G. Baboul, S. Clifford, J. Cioslowski, B.B. Stefanov, G. Liu, A. Liashenko, P. Piskorz, I. Komaromi, R.L. Martin, D.J. Fox, T.

Keith, M.A. Al-Laham, C.Y. Peng, A. Nanayakkara, M. Challacombe, P.M.W. Gill, B. Johnson, W. Chen, M.W. Wong, C. Gonzalez, J.A. Pople, *Gaussian 03, Revisions D.02 and E.01*, 2004, Gaussian, Inc., Gaussian, Inc: Wallingford, CT.

[11] A. Sarkar, S. Pramanik, P. Banerjee, S.C. Bhattacharya, *Colloids Surf. A* 317 (2008) 585.

[12] S. Dhar, D.K. Rana, S.S. Roy, S. Roy, S. Bhattacharya, S.C. Bhattacharya, *J. Lumin.* 132 (2012) 957.

[13] A. Mukherjee, K.K. Mahalanabis, *Heterocycles*, 78 (2009) 911.

[14] A.I. Vogel, *Textbook of Practical Organic Chemistry*, quinta ed., Singapore Publishers Ltd., (1994).

[15] S. Dhar, S.S. Roy, D.K. Rana, S. Bhattacharya, S. Bhattacharya, S.C. Bhattacharya, *J. Phys. Chem. A* 115 (2011) 2216.

CAPÍTULO 4

FOTOFÍSICA MODULADA DE 2 - SULFONATO DE ANTRACENO EM MONTAGEM MICELAR

4.1. Introdução: Perspectiva do Trabalho

Os anfíplios constituídos por secções polares e não polares têm dupla afinidade pela água e pelo petróleo. Podem organizar-se para formar micelas sob condições satisfeitas. Estes agregados são frequentemente utilizados como agentes biomiméticos de membrana. A molécula do substrato pode ser sequestrada e organizada no interior micelar ou no limite micelar. As moléculas de água aprisionadas por tensioactivos fornecem microambientes únicos para interacções. As moléculas de água que estão fortemente ligadas aos grupos de micelas da cabeça do surfactante, assemelham-se à bolsa hidrofílica das enzimas e têm altas viscosidades, baixas mobilidades, onde as propriedades de absorção e emissão da substância se tornam melhoradas ou atenuadas. Tais propriedades têm sido exploradas para compreender a natureza e força da interacção, bem como para compreender as características físico-químicas de diferentes micelas. Diferentes surfactantes iónicos e não-iónicos foram amplamente estudados. Entre os tensioactivos não-iónicos, o Triton X-100 tem sido amplamente estudado. Foi relatado anteriormente que as micelas não-iónicas desempenham uma actividade superior à das micelas iónicas, devido à ausência de interacção electrostática. Diferentes grupos estudaram o potencial de aplicação do Triton X-100 em diferentes campos. Triton X-100 é uma preparação polidispersa de polioxietileno-p-(1,1,3,3-tetrametil)fenil éter (TX) contendo um tamanho médio de 9,5 unidades de oxietileno por monómero tensioactivo. Foi relatado que os grupos de polioxietileno num tensioactivo desempenham um papel importante na estrutura e propriedades da micela formada. O número de grupos de polioxietileno num monómero tensioactivo tem uma relação directa com as propriedades da micela. Embora o TX-100 tenha sido amplamente estudado, os estudos com outros tensioactivos da série Triton X com número variável de unidades de polioxietileno são raros na literatura.

No presente trabalho, estudámos os tensioactivos não-iónicos da série Triton X, Triton X-114 (n=7,5), Triton X-165 (n=16) e Triton X-305 (n=30) para a sua aplicação em usos farmacêuticos e domésticos. Para a utilização em diferentes campos é necessária a caracterização das micelas. Foram determinadas as diferentes características físico-químicas das micelas de TX-114, TX-165, e TX-305 com diferentes números de grupos de polioxietileno ligados com um grupo hidrofóbico fixo. O antraceno e os seus derivados são utilizados como sondas fluorescentes para o estudo da dinâmica das moléculas biológicas. Na sulfonação, o monossulfonato formado torna-se hidrossolúvel e produz características de fluorescência interessantes. O grupo do sulfonato afecta a simetria geral da moleza do antraceno e também introduz centro de carga negativa na molécula. A fotofísica e fotoquímica do sulfonato de antraceno foram estudadas anteriormente no nosso laboratório. A modulação da fotofísica do 2AS foi observada na presença das micelas do TX-100. Na continuação do nosso interesse em estudos fotofísicos usando sulfonato de 2-antraceno (2-AS), (*Esquema 3.1* no capítulo 3), como sonda fluorescente em diferentes meios micelares não iónicos, relatamos aqui as características de absorção e fluorescência do 2-AS em meio micelar da série Triton X. A escolha da molécula da sonda fluorescente é importante porque a sua profundidade de residência na interface das micelas é utilizada para estimar a polaridade e a natureza da região em que se encontra. As características de absorção e fluorescência do 2-AS em solução micelar de TX-114, TX-165, e TX-305 foram estudadas para caracterizar as micelas e o papel das micelas na fotofísica do 2-AS.

4.2. Resultados e Discussão
4.2.1. Absorção e comportamento de emissão

As respostas espectrais significativas de absorção e emissão de 2AS foram observadas na presença de micelas de Tritão X. A adição de tensioactivos à solução aquosa de 2AS leva a um pequeno desvio azul (dependendo do tensioactivo utilizado) juntamente com a diminuição da intensidade de fluorescência, reflectindo que o ambiente à volta da sonda é modificado à medida que passamos de soluções micelares aquosas puras para soluções micelares aquosas. Ambas as observações reflectem que os microambientes em torno do fluoróforo nas soluções micelares são bastante diferentes dos que se encontram na fase aquosa pura. Uma mudança azul no espectro de emissões (Figura 4.1) dentro das soluções micelares sugere ainda que a polaridade dos ambientes micelares é menor do que a polaridade da água a granel.

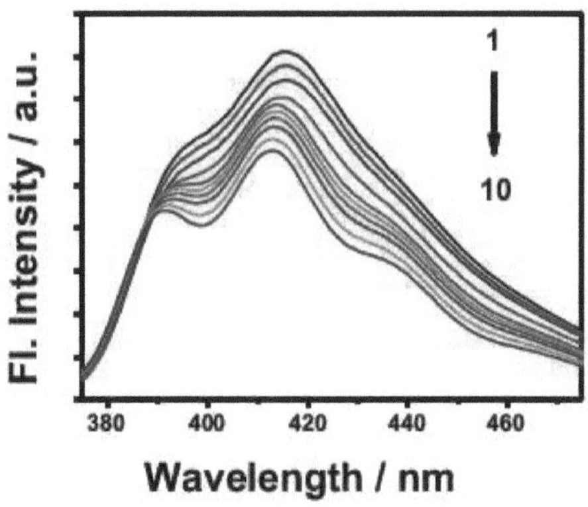

Figura 4.1: Espectros de fluorescência de 2-AS com concentração variável de TX-305; onde [2-AS] = 7,7 x 10⁻⁶ M; As curvas 1 a 10 correspondem a 0,0, 0,2, 0,79, 1,58, 2,95, 3,54, 4,12, 4,90, 7,80 e 15,36 mM [TX-305], respectivamente.

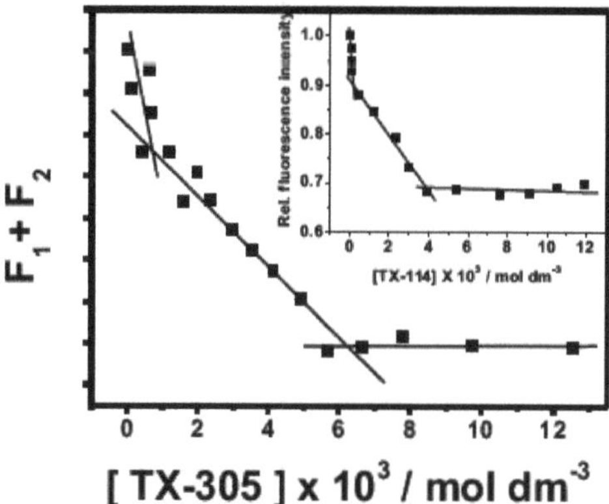

Figura 4.2: Lote de (F1+F2) vs. [TX-305]. Inset mostra a parcela de intensidade de fluorescência relativa vs. [TX-114].

Quadro 4.1: Características micelares e constantes de ligação de 2-AS com micelas

Surfactante	Abdo minais	cmc (mmol dm⁻³) Fluorescência 1ª pausa	2ⁿᵈ pausa	Constante Vinculativa (dm³ mol)⁻¹	-ΔG0m (kcal mol)⁻¹
TX-114	0.23	0.23 (0.20)	4.10 (3.78)	11.96 x10⁴	5.02
TX-165	0.47	0.46 (0.45)	4.66 (1.39)	4.01 x 10⁴	4.55
TX-305	0.61	0.68 (0.71)	6.18 (6.22)	8.33 x 10³	4.28

Os dados entre parênteses indicam os resultados da soma das alturas de pico.

O efeito das micelas nos espectros de emissão da sonda é mais proeminente em comparação com o da absorvância. A absorvância e os máximos de absorção (359 nm) de 2-AS permanecem inalterados na presença dos tensioactivos, indicando a ausência de interacção dos tensioactivos com 2-AS no estado de terra. A intensidade de fluorescência do 2-AS em solução tensioactiva diminui na região pré-micelar e depois com características vibracionais após cmc da solução tensioactiva. A diminuição da intensidade de fluorescência após a adição dos tensioactivos na região pré-micelar pode ser atribuída à formação de um complexo de associação entre a sonda aniónica excitada e os tensioactivos não-iónicos devido à interacção dipolo iónico. Mas modelos diferentes não foram obedecidos para determinar as associações constantes. A partir da parcela de absorção relativa e emissão de 2-AS versus concentração de tensioactivos, foram determinados os valores críticos da concentração micelar (cmc) das micelas de Tritão X. A razão das alturas de pico foi também utilizada para estimar o parâmetro de polaridade da região micelar. A soma das alturas de pico dos máximos de primeira e segunda emissão (F1+F2), quando plotada contra a concentração de diferentes tensioactivos (Figura 4.2), deu origem a dois pontos de ruptura. Os mesmos resultados foram também obtidos a partir das parcelas de intensidade de fluorescência relativa e da área das parcelas de fluorescência normalizadas. Os múltiplos pontos de ruptura para os sistemas tensioactivos já são relatados em vários relatórios científicos actuais. Explorando diferentes parâmetros, Mallik et al. e Sengupta e colegas de trabalho estabeleceram múltiplos pontos de ruptura para diferentes sistemas micelares. Os primeiros pontos de ruptura considerados como o valor cmc, mostrando a formação das unidades micelares, são apresentados na Tabela 4.1, que concordam bem com o valor da literatura. O segundo ponto de ruptura com maior gama de concentração de tensioactivo pode dever-se à alteração da forma das unidades micelares, que pode ser de forma esférica a cilíndrica. Para autenticar os nossos resultados, a mesma técnica tem sido utilizada para o tensioactivo amplamente estudado TX-100. Neste caso, também foram obtidos dois pontos de ruptura. Trabalhos anteriores sobre o TX-100 mostram que o intervalo de concentração utilizado era inferior ao intervalo de concentração do segundo ponto de ruptura. Robson e Dennis nos seus trabalhos explicaram a mudança de forma das micelas do TX-100 após uma certa concentração de tensioactivo.

O tamanho das micelas do TX-305 após o primeiro e segundo pontos de quebra foram determinados pelo método de dispersão dinâmica da luz (DLS) e os valores são de 5,6 nm e 7,5 nm, respectivamente, suportando duas quebras relacionadas com dois tipos de conjuntos. O DLS não conseguiu determinar a dimensão, ou seja, montagens na região pré-micelar.

Os valores cmc da série Triton X aumentam com o aumento do número de grupos de oxietileno dos surfactantes, ou seja, com o aumento do valor de HLB. Foi observada uma relação empírica (4.1) entre o logaritmo de cmc e as características estruturais dos tensioactivos, ou seja, o número de resíduos de óxido de etileno (EO) (n).

$$\log cmc = A\text{-}Bn \qquad (4.1)$$

Os valores das constantes A e B são -3,82 e 0,0234, respectivamente. No nosso trabalho anterior sobre as micelas Brij (éter hexadecil de etilenoglicol polioxi) e Igepal (fenol nonilenoglicol polioxi), foi também obtida uma relação linear semelhante.

A têmpera por fluorescência de 2-AS por micelas Triton X pode ser racionalizada em termos de oxigénio etileno do grupo de cabeças hidrofílicas na camada paliçada de micelas não iónicas formando uma ligação coordenada com o ião Na^+ produzido a partir da sonda e o oxigénio etileno torna-se deficiente em electrões. Assim, o ião de antraceno sulfonato no seu estado excitado electronicamente doa o electrão ao oxigénio deficiente em electrões do grupo oxietileno e ocorre a têmpera.

4.2.2. Termodinâmica da micelização

A mudança na energia livre de Gibbs associada ao processo de micelização, AG^0_m, foi calculada a partir dos valores cmc determinados usando a equação (4.2)

$$\Delta G^0{}_m = RT \ln cmc \qquad\qquad (4.2)$$

e os valores obtidos foram indicados no Quadro 4.1. Estes dados podem ser analisados considerando a contribuição individual dos resíduos de EO dos tensioactivos estudados. A avaliação foi feita para a energia livre de transferência por monómero para formação de micelas usando a expressão (4.3) dada por Semenov et al.

$$\frac{\Delta G^0}{RT} = -B_0 + B_1 N^{1/3} + B_2 \ln N^{1/2}\, n \qquad\qquad (4.3)$$

onde, n é o número de grupos EO no surfactante. B_0, B_1 e B_2 são constantes. Os parâmetros B foram seleccionados para dar valores razoáveis do número de agregação (N) e o cmc para a série Triton X. A energia livre de transferência de grupos alquilo para a água, num processo como a formação de micelas depende de n_c e n, onde n_c é o número de átomos de carbono na cauda alquílica, que é o mesmo aqui e n é diferente. Os valores de B dependem da natureza dos surfactantes. Para a série Triton X os valores B são $B_0 = 9{,}29$, $B_1 = 0{,}002$, $B_2 = 0{,}049$.

Quando um grupo principal de tensioactivos é transformado da água para o agregado micelar, a mudança na energia livre é muito maior do que no caso de dimerização e esta é a razão da cooperatividade na formação de micelas. Quando muitos grupos de cauda estão no núcleo micelar, assume-se que as micelas serão esféricas. O valor crítico do parâmetro de embalagem também confirmou a forma esférica. O parâmetro é definido por $v\,/\,a_0 l_c$ onde v é o volume da cadeia de hidrocarboneto, assumido como sendo fluido e incompressível, a_0 é a área ideal do grupo da cabeça e l_c é o comprimento crítico da cadeia que corresponde ao comprimento máximo efectivo que a cadeia pode assumir. O valor do parâmetro de embalagem é 0,29, que é inferior a 0,33, e por isso a forma da micela é esférica. (O comprimento crítico da cadeia da porção hidrofóbica torna-se 1,039 nm e o volume da porção da cadeia hidrofóbica até ao anel de benzeno foi calculado como $66{,}72 \times 10^{-3}$ nm^3 . A área do grupo da cabeça, a_0 é de 0,22 nm^2 . Portanto, $v\,/\,a_0\,l_c = 0{,}29$). Para formar micela esférica, ocorre a repulsão entre o grupo de cabeça do Tritão X. Esta repulsão limita o crescimento da micela e é responsável pela alteração em cmc com o comprimento da parte hidrofílica EO.

4.2.3.   Encadernação por sonda-micela

Entre os métodos mais difundidos para investigar a intensidade da ligação das espécies emissoras às micelas, foi determinada uma estimativa quantitativa da constante de ligação (K) do estado emissor a partir dos dados espectrais de emissão seguindo o método descrito por Almgren et al.

$$\frac{F_m - F_0}{F_t - F_0} = 1 + \frac{1}{K[M]} \qquad\qquad (4.4)$$

onde, F_0, F_m and F_t são as intensidades de fluorescência na ausência de micelas, sob a micelização completa e na presença de quantidade intermédia de surfactante, respectivamente. [M] representa a concentração efectiva da micela, que é

$$[M] = ([S]\text{-cmc}) / N$$

onde, [S] representa a concentração de surfactante em condições experimentais e N é o número de agregação de micelas.

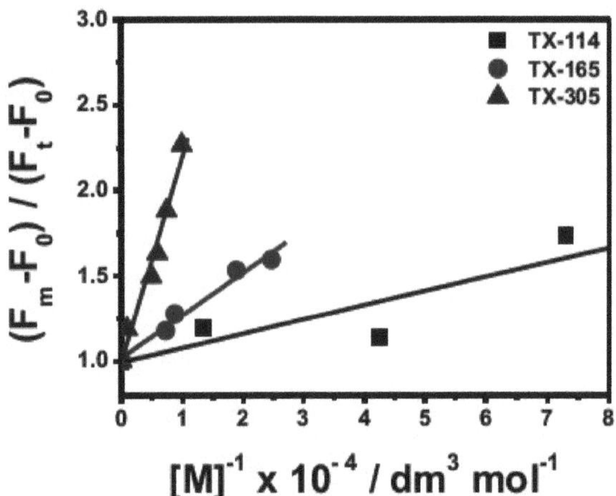

Figura 4.3: Lote de (Fm-F0) / (Ft-F0) contra [M]⁻¹ em solução micelar de TX-114, TX-165 e TX-305.

Os valores de N para TX-114, TX-165 e TX-305 foram tomados como 156, 63 e 17, respectivamente, como relatado por Wolszczak et al. Uma parcela típica baseada na equação correspondente na micela foi encontrada linear (Figura 4.3) e os valores de K obtidos (± 10%) são recolhidos na Tabela 4.1.

O fenómeno de ligação ocorre em diferentes graus de afinidade seguindo a ordem TX-114 > TX-165 > TX-305. Uma vez que os surfactantes aqui possuem grupos de cauda idênticos, a diferença na reactividade pode ser esperada devido ao número diferente de grupos de cabeças hidrofílicas. Foi observada uma variação linear de K com o número de grupos de cabeças de óxido de etileno. A interacção da sonda com o monómero tensioactivo pode ser mais fraca do que a das micelas, uma vez que os resultados não obedecem a nenhum modelo para calcular valores constantes de ligação.

4.2.4. Estudo de têmpera por fluorescência induzida por íons metálicos

O têmpera da fluorescência de 2-AS foi também estudado em solução aquosa pura como em meios micelares aquosos utilizando têmpera iónica Cu^{2+}, Co^{2+}, Ni^{2+}, Cs^+, Mn^{2+} e Zn^{2+} com a intenção de descobrir a localização do fluoróforo nos ambientes microheterogéneos e o modo de têmpera. A ideia por detrás desta medição é que o têmpera só é acessível na parte polar e tanto a têmpera estática como a dinâmica requerem o contacto molecular entre o fluoróforo e o têmpera. O comportamento de têmpera obedece à equação de Stern -Volmer (4,5),

$$\frac{F_0}{F} = 1 + K_{sv}[Q] \tag{4.5}$$

Onde, F_0 e F são as intensidades de fluorescência na ausência e presença de iões de têmpera, respectivamente. K_{sv} é a constante de têmpera de Stern-Volmer. A linearidade da parcela de Stern-Volmer indica que apenas um tipo de têmpera ocorre ao longo de uma gama de concentrações utilizada nas experiências. Os espectros de absorção de 2-AS em meio micelar permanecem inalterados na presença de iões de têmpera. Isto indica a ausência de têmpera estática. É importante mencionar aqui que o tempo de vida útil da sonda fluorescente, mencionada nesta última, diminui com a concentração de têmpera em todos os ambientes estudados, confirmando a natureza dinâmica da têmpera. O típico $_{2+2+2++2++2+}$

A parcela de Stern-Volmer para têmpera Cu^{2+}, Co^{2+}, Ni^{2+}, Cs^+, Mn^{2+} e Zn^{2+} são mostrados na Figura 4.4. As constantes da taxa de têmpera (k_q) foram calculadas a partir da equação K_{sv} = k_qT, onde T é o tempo de vida da molécula 2-AS na ausência de têmpera. O valor k_q diminui com o aumento da concentração de tensioactivos, o que pode ser devido ao aumento da microviscosidade dos meios. Os valores de K_{sv} (Tabela 4.2) utilizando diferentes iões de têmpera seguem a tendência TX-305 > TX-165 > TX-114, invertendo a ordem da sua força de ligação. Para solução micelar individual, a constante de taxa de têmpera por iões segue a ordem Cu^{2+} > Co^{2+} > Ni^{2+} > Cs^+ > Mn^{2+} > Zn^{2+}. Os mesmos resultados também foram obtidos a partir do estudo de tempo resolvido. A sequência dificilmente segue a correlação com os raios hidratados dos iões. Em meios aquosos o têmpera da fluorescência de 2-AS por iões metálicos parece requerer uma interacção de colisão e o têmpera de 2-AS por iões metálicos em meios micelares pode prosseguir através de dois ou mais processos paralelos, a importância relativa varia com o ião metálico específico.

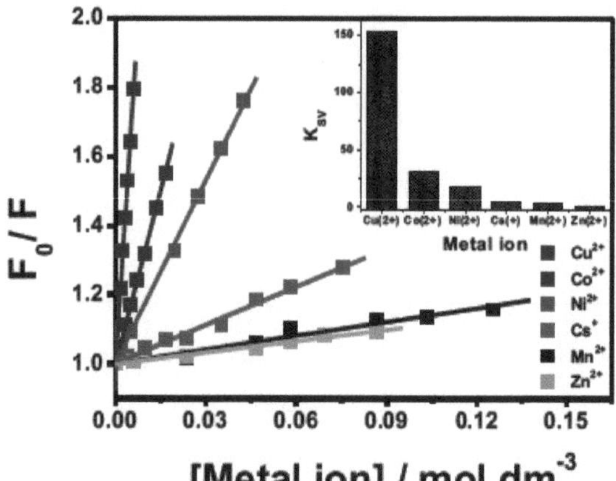

Figura 4.4: Variação da intensidade de fluorescência relativa (F_0/F) de 2-AS em TX-305 (1mM) por diferentes iões metálicos. O Inset mostra o gráfico de barras correspondente.

Tabela 4.2: Constantes de popa-volume (K_{SV}) do ião metálico em diferentes surfactantes

Ambiente	$SX10^3$ (mol dm^{-3})	Cu²⁺	Co²⁺	Ni²⁺	Cs⁺	Mn²⁺	Zn²⁺
H2O	-	174.00	34.80	18.96	6.00	3.70	1.32
	0.5	153.00	30.50	17.90	4.91	3.21	0.97
TX-114	1.5	114.00	20.90	17.13	4.50	2.77	0.94
	1.0	102.50	19.35	15.97	4.10	2.62	0.69
	2.0	69.70	19.04	15.36	3.76	1.35	0.63
	1.0	108.80	25.70	16.40	4.04	1.24	0.88
TX-165	2.5	44.40	17.67	14.70	2.79	1.17	0.79
	5.0	30.27	12.73	9.67	1.36	0.75	0.73
	7.5	22.00	11.47	8.99	1.26	0.55	0.36
	1.0	134.00	33.80	17.60	3.68	1.34	1.10
TX-305	2.5	41.80	22.00	13.00	2.33	1.13	0.68
	5.0	39.80	8.41	8.23	1.24	0.71	0.61
	7.5	17.00	3.68	7.80	0.60	0.51	0.32

4.2.5. Associação do supressor com as micelas

A natureza da associação dos iões de têmpera com Tritão X foi determinada com a ajuda do modelo descrito por Blatt et.al e Encinas, Lissi. A constante de associação da molécula de têmpera com a micela pode ser calculada utilizando a relação (4.6)

$$K = \frac{[Q]_{mic}}{[Q]_{water}[M]} \qquad (4.6)$$

Se a concentração média de têmpera por micela for $\overline{Q}$, a concentração do

O supressor na fase micelar é $[Q]_m = \overline{Q}\,[M]$. Portanto, a concentração total de têmpera,

$$[Q]_T = [Q]_m + [Q]_w.$$

Depois, a relação (4.7) detém

$$[Q]_T = \frac{\overline{Q}}{K_{eq}} + \overline{Q}[M] \qquad\qquad (4.7)$$

Onde, [M] é a concentração de micelas. Da parcela de Stern-Volmer de $\frac{F_0}{F}$ vs.
[Q] a diferentes valores [M], [Q]$_T$ foram determinados. O valor [Q]$_T$ necessário para atingir um

valor fixo de $\frac{F_0}{F}$ a diferentes concentrações micelares quando conspirado contra [M], F

de acordo com a equação (4,7), deve render o valor de $\overline{Q}$ e K_{eq} da inclinação e intercepção,

respectivamente. Os valores de K_{eq} são apresentados na Tabela 4.3. O pressuposto envolvido é

que a eficiência de têmpera a uma determinada concentração de têmpera é determinada pela

concentração média de têmpera por micela $(\overline{Q})$. A linearidade do gráfico do Scatchard para

têmpera de 2-AS pelos iões indica a partição dos iões

O coeficiente de partição K_P do supressor entre a fase aquosa e micelar pode ser relacionado

com K_{eq} e volume molar de micelas (V_m) como

$$K_P = \frac{K_{eq}}{V_m} = \frac{\overline{Q}}{[Q]_w V_m} \qquad\qquad (4.8)$$

Os volumes molares de micelas de Tritão X foram calculados e os valores são 78,51, 53,58 e

23,77 para TX-114, TX-165 e TX-305, respectivamente. Os valores K_P obtidos são

apresentados na Tabela 4.3.

Quadro 4.3: Diferentes parâmetros de têmpera do ião metálico em diferentes surfactantes

Iões de metal	TX-114			TX-165			TX-305		
	K_{SV} $(dm^3 mol)^{-1}$	K_{eq} $(dm^3 mol)^{-1}$	K_p	K_{SV} $(dm^3 mol)^{-1}$	K_{eq} $(dm^3 mol)^{-1}$	K_p	K_{SV} $(dm^3 mol)^{-1}$	K_{eq} $(dm^3 mol)^{-1}$	K_p
Cu^{2+}	102.50	11.06	0.141	108.80	6.00	0.112	134.00	6.50	0.27
Co^{2+}	19.35	10.52	0.134	25.70	4.27	0.080	33.80	5.38	0.23
Ni^{2+}	15.97	9.13	0.116	16.40	3.56	0.066	17.60	5.13	0.22
Cs^{+}	4.10	8.53	0.109	4.04	3.21	0.060	3.68	4.66	0.20
Mn^{2+}	2.62	6.70	0.085	1.24	1.18	0.022	1.34	3.89	0.16
Zn^{2+}	0.69	5.38	0.069	0.88	0.89	0.016	1.10	2.49	0.11

A parcela modificada Stern-Volmer i.e. $\frac{F_0}{F}$ vs. $\overline{Q}$ é também linear em cada micela Triton X. F As eficiências de têmpera para um determinado valor de $\overline{Q}$ e o coeficiente de partição (K_P) diminuem segundo a ordem TX-114 > TX-305 > TX-165. Os iões do contador (SO_4^{2-} e Cl^-) não têm qualquer papel no processo de têmpera.

4.2.6. Polaridade dos microambientes micelares em torno do fluoróforo

Devido à grande importância da determinação da polaridade microscópica dos sistemas biológicos que utilizam sondas fluorescentes, tem sido chamada a atenção nas últimas décadas para esta direcção. Neste presente relatório, tentamos ter uma estimativa da micropolaridade dos ambientes micelares em torno do fluoróforo. Os espectros de emissão do 2-AS mostram alterações apreciáveis com a alteração da polaridade do meio. As estruturas vibracionais com variação na intensidade dos picos desenvolvem-se com variação na polaridade do meio. Foi observada uma correlação do gráfico da relação das alturas dos picos de 0-0 e 1-0 bandas vibracionais da sonda em diferentes composições de mistura de dioxan-água contra o parâmetro de polaridade do solvente $E_T(30)$ e foi mostrada na Figura 4.5. Os valores da constante dieléctrica e Kosower Z dos meios micelares também foram racionalizados e apresentados na Tabela 4.4. O valor dos parâmetros Kosower Z, $E_T(30)$ e D aumenta na ordem TX-

114 < TX-305 < TX-165 e a viscosidade segue a ordem inversa. Com o aumento do n valor dos grupos hidrofílicos em Tritão X, a forma das micelas muda. O grupo polioxietileno (n=16) do TX-165 forma uma forma esférica estável em camada de paliçada (*Esquema 4.1*) quando forma uma ligação coordenada com o íon Na+. Nessa situação, os átomos de oxigénio são dirigidos para o Na$^+$ ion e a fracção de etileno são dirigidos para o lado exterior. Portanto, a polaridade dentro da gaiola constituída pela sonda é elevada. No TX-114, esse estado estável do grupo hidrofílico não ocorre devido ao menor número de unidades EO e no TX-305 pode ocorrer alguma deformação da forma circular devido à presença de maior número de grupo oxietileno (n=30) e causar obstrução estérica. O efeito da estrutura na estabilidade da forma provoca o maior valor dos parâmetros de solvente do TX-165.

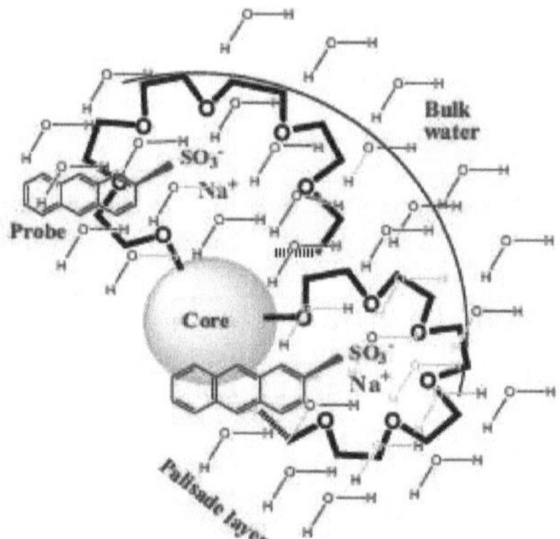

Esquema 4.1: Representação esquemática da formação de forma esférica estável em camada de paliçada

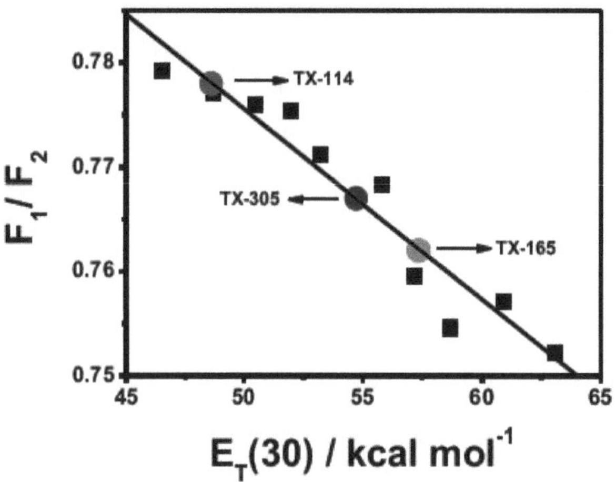

Figura 4.5: Lote de F_1/F_2 de 2-AS vs. $E_T(30)$ de mistura de dioxan-água, [2-AS] = 7.7 $\times$ 10-6 M.

Quadro 4.4: Diferentes parâmetros de solventes dos tensioactivos e tempo de vida útil dos sonda

Surfactante	$E_T(30)$ (kcal mol)⁻¹	Dieléctrico Constante	Kosower Z (kcal mol)⁻¹	Viscosidade (cp)	Tempo de vida (ns)
TX-114	48.60	13.26	104.63	0.934	6.04
TX-165	57.35	51.73	108.97	0.907	5.32
TX-305	54.72	40.31	107.69	0.927	5.39

4.2.7. Estudo de anisotropia de fluorescência em estado estacionário

A medição da anisotropia de fluorescência desempenha um papel importante ao afectar o tamanho, forma, ou flexibilidade segmentar de uma molécula. Uma vez que reflecte directamente qualquer restrição mocional imposta ao fluoróforo pelo ambiente, investigámos a anisotropia de fluorescência em estado estável de 2-AS em diferentes sistemas micelares.

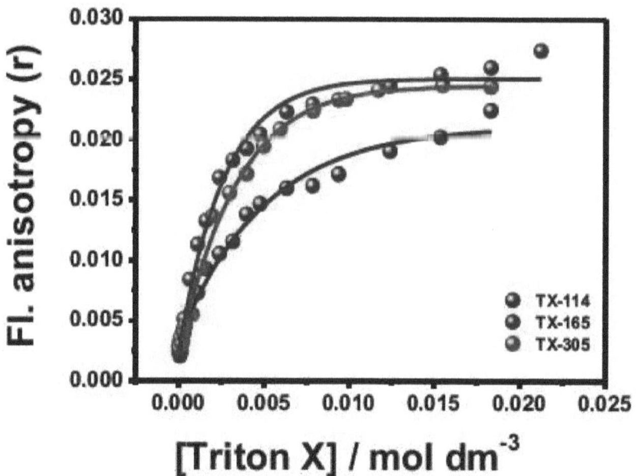

Figura 4.6: Variação da anisotropia de fluorescência (r) em função da concentração de surfactantes.

A figura 4.6 representa a variação da anisotropia de fluorescência em função das concentrações de surfactantes. Na região pré-micelar com aumento da concentração do tensioactivo, a anisotropia de fluorescência permanece constante em todas estas soluções tensioactivas. O aumento da anisotropia de fluorescência da molécula da sonda com uma concentração micelar crescente implica uma restrição motora imposta ao fluoróforo nos ambientes micelares. Esta interessante observação pode ser racionalizada invocando algumas interacções específicas centradas em torno da sonda e dos heteroátomos presentes no tensioactivo, levando a alguma restrição adicional imposta ao movimento da molécula global ou à armadilha da sonda em algum local com restrições de movimento das micelas. A extensão da alteração da anisotropia observada no caso do TX-165 é notavelmente maior do que a extensão das alterações observadas nos meios TX-305 e TX-114. Isto reflecte que o fluoróforo está relativamente mais confinado no ambiente anterior.

4.2.8. Desintegração da fluorescência da sonda ligada a micelas

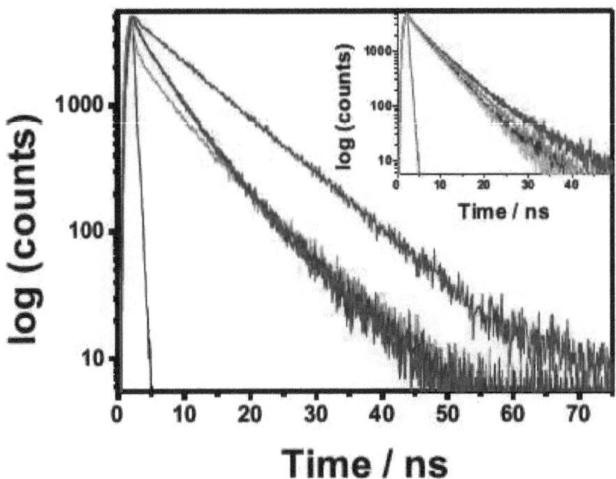

Figure 4.7: Fluorescence decay curve of 2-AS: (▬) prompt, in (▬) water, (▬) TX-114, (▬) TX-165 and (▬) TX-305. Inset: Fluorescence decay curve of 2-AS in TX-305: (▬) prompt, in (▬) 0 mM, (▬) 4 mM, (▬) 9.9 mM and (▬) 15.7 mM Cu^{2+}, respectively. [TX-305] = 15.36 mM.

Figura 4.7: Curva de decaimento da fluorescência de 2-AS: (_) pronto, em (_) água, ( ) TX-114, (_) TX-165 e (_) TX-305. Inset: Curva de decaimento da fluorescência de 2-AS no TX-305: (_) prompt, em (_) 0 mM, ( ) 4 mM, (_) 9.9 mM e ( ) 15.7 mM Cu^{2+}, respectivamente. [TX-305] = 15,36 mM.

O tempo de decaimento da fluorescência de 2-AS foi determinado em solução micelar de TX-114, TX-165 e TX-305. A curva exponencial única foi obtida para 2-AS em solução aquosa e na solução surfactante da região pré-micelar. Com o aumento da concentração do tensioactivo, observou-se uma melhoria no valor de x_2 e na distribuição de resíduos quando se passou de um único para um ajuste biexponencial nas soluções micelares indicando interacção soluto-micelar (Figura 4.7). Com o aumento da concentração de tensioactivos, a população no componente de longo prazo diminui e que no componente de curto prazo aumenta com o decaimento mais rápido com uma vida média decrescente de 9,5 ns para 6,04 ns, 5,32 ns e 5,39 ns nos meios micelares TX-114, TX-165, e TX-305, respectivamente. As variações da taxa de decaimento de 2-AS com concentração micelar em diferentes micelas seguem a ordem TX-114 > TX-305 > TX-165, ou seja, a ordem inversa dos seus parâmetros de polaridade. O decaimento da fluorescência da sonda em meio micelar de TX-305 em diferentes proporções molares do Cu^{2+} como supressor foi mostrado no subconjunto da Figura 4.7. No nosso trabalho anterior, a vida útil de uma sonda aniónica diminuiu quando a sonda foi delimitada por micelas catiónicas. Chakrabarty et.al relataram um aumento na vida útil de uma sonda catiónica quando delimitada por micelas com carga negativa. Neste caso, foi observada uma diminuição na vida útil de uma sonda aniónica em micelas não iónicas. Mas a diminuição não é por ordem de espessura da camada de paliçada de micelas não-iónicas. Isto segue a ordem de polaridade dos meios das micelas não-iónicas. No TX-165, o parâmetro de polaridade é superior ao TX-305, o que pode ser devido à formação de disposição cíclica estável na camada de paliçada do TX-165, tal como reflectido nas nossas inferências anteriores obtidas a partir da experiência de fluorescência e anisotropia de fluorescência em estado estacionário.

4.3. Resumo

Este trabalho explora o comportamento das micelas formadas pela série homóloga de Tritão X em meios aquosos. Foi determinado o papel das micelas em diferentes processos e propriedades físico-químicas das micelas da série, excepto o amplamente estudado TX- 100. Isto ajudará os investigadores a determinar a eficiência das micelas desta série para uma aplicação frutuosa em diferentes campos. Foram estabelecidos certos padrões de comportamento das micelas da série Triton X. A disposição dos grupos de polioxietileno da série Triton X na camada paliçada de micelas é diferente para diferentes membros. Foi encontrada uma forma esférica estável da micela com um certo número de grupos de polioxietileno (n) no monómero surfactante e o parâmetro de polaridade do ambiente é também elevado. Quando o valor n aumenta ou diminui a partir deste valor crítico, o parâmetro de polaridade diminui e a estabilidade da forma é perdida devido a um obstáculo estéril. O coeficiente de partição do supressor entre a fase aquosa e a fase micelar foi determinado. O comportamento de fluorescência da sonda nas micelas de Tritão X é diferente do de outras micelas não iónicas. Aqui o têmpera por fluorescência ocorre devido à transferência de electrões da molécula da sonda para o grupo oxietileno do tensioactivo.

■ Referências

[1] J.Y. Lion, T.M. Huang, G.G. Chang, *J. Chem. Soc. Perkin Trans.* 2 (1999)   2171.

[2] H.J. Lee, G.G. Chang, *J. Colloid Interface Sci.* 201 (1998) 26.

[3] D. Attwood, A.T. Florence, Chapman and Hall, New York, 1983, pp. 72.

[4] N. Sarkar, K. Das, A. Dutta, S. Das, K. Bhattacharya, *J. Phys. Chem.*   100   (1996) 10523.

[5] S.P. Moulik, K. Mukherjee, *Proc. Ind. Natl. Sci. Acad. A* 62 (3) (1996) 215.

[6] P. Banerjee, S. Pramanik, A. Sarkar, S.C. Bhattacharya, *J. Phys. Chem. B* 112 (2008) 7211.

[7] S.K. Hait, P.R. Majhi, A. Blume, S.P. Moulik, *J. Phys. Chem. B* 107 (2003) 3650.

[8] P.R. Majhi, K. Mukherjee, S.P. Moulik, S. Sen, N.P. Sahu, *Langmuir* 15 (1999) 6624.

[9] Y. Rharbi, M. Li, M.A. Winnik, K.G. Hahn, *J. Am. Chem. Soc.* 122 (2000) 6242.

[10] I. Ramakanth, A. Patnaik, *Carbon* 46 (2008) 692.

[11] K. Behera, P. Dahiya, S. Pandey, *J. Colloid Interface Sci.* 307 (2007) 235.

[12] S.C. Bhattacharya, H.T. Das, S.P. Moulik, *J. Photochem. Photobiol. A: Química* 71 (1993) 257.

[13] P. Roy, S.C. Bhattacharya, S.P. Moulik, *J. Photochem. Photobiol. A: Chemistry* 105 (1997) 69.

[14] P.D.T. Huibers, V.S. Lobanov, A.R. Katritzky, D.O. Shah, M. Karelson, *Langmuir* 12 (1996) 1462.

[15] S. Nandi, S.K. Ghosh, S.C. Bhattacharya, *Colloids e Surf. A* 268 (2005) 118.

[16] K.K. Rohatgi-Mukherjee, S.C. Bhattacharya, *J. Photochem. Photobiol. A: Chemistry* 44 (1988) 289.

[17] S.C. Bhattacharya, K.K. Rohatgi-Mukherjee, *J. Ind. Chem. Soc.* LXIII (1986) 50.

[18] S.C. Bhattacharya, S. Basu, K.K. Rohatgi-Mukherjee, *J. Ind. Chem. Soc.* 70 (1993) 425.

[19] A. Sarkar, D.K. Rana, S. Dhar, T.K. Mandal, S.C. Bhattacharya, *J. Ind. Chem. Soc.* 85 (2008) 1301.

[20] A. Mallick, N. Chattopadhyay, *Biophys. Chem.* 109 (2004) 261.

[21] A. Mallick, B. Haldar, S. Maiti, N. Chattopadhyay, *J. Colloid Interface Sci.* 278 (2004) 215.

[22] P. Roy, S.C. Bhattacharya, S.P. Moulik, *J. Photochem. Photobiol. A: Chemistry* 108 (1997) 267.

[23] K.R. Acharya, S.C. Bhattacharya, S.P. Moulik, *Ind. J. chem.* 36A (1997) 137.

[24] S.C. Bhattacharya, H.T. Das, S.P. Moulik, *J. Photochem. Photobiol. A: Chemistry* 84 (1994) 39.

[25] J.R. Robson, E.A. Dennis, *J. Phys. Chem.* 81 (1977) 1075.

[26] S.K. Ghosh, P.K. Khatua, S.C. Bhattacharya, *Int. J. Mol. Sci.* 4 (2003) 562.

[27] A.N. Semenov, J.F. Joanny, A.R. Khokhlov, *Macromolecules* 28 (1995) 1066.

[28] D. Myres, Surface, *Interfaces and Colloids*, VCM Publications, INC, 1991, pp. 312.

[29] M. Almgren, F. Griesser, J.K. Thomas, *J. Am. Chem. Soc.* 101 (1979) 279.

[30] E. Blatt, R.C. Chatelier, W.H. Sawyer, *Chem. Phys. Lett.* 108 (1984) 397.

[31] M.V. Encinas, E.A. Lissi, *Chem. Phys. Lett.* 91 (1982) 55.

[32] A. Sarkar, S. Pramanik, P. Banerjee, S.C. Bhattacharya, *Colloids e Surf. A* 317 (2008) 585.

[33] A. Chakrabarty, A. Mallick, B. Halder, P. Purkayastha, P. Das, N. Chattopadhyay, *Langmuir* 23 (2007) 4842.

CAPÍTULO 5

EFEITO DO AMBIENTE SOLVENTE SOBRE A FOTOFÍSICA DE UM AMBIENTE RECENTEMENTE SINTETIZADO 7-OXY(5-SELENOCYANATO-PENTYL)-2H-1-BENZOPYRAN-2-ONE BIOACTIVO

5.1. Introdução: Perspectiva do Trabalho

As cumarinas (derivados de 1,2-benzopirona) são substâncias biologicamente activas com numerosos metabolitos, e estão disseminadas na natureza. As cumarinas têm múltiplas actividades biológicas, incluindo a prevenção de doenças, modulação do crescimento e propriedades antioxidantes. Estes compostos são conhecidos por exercerem efeitos antitumorais e podem causar alterações significativas na regulação das respostas imunitárias, crescimento e diferenciação celular e desempenham um papel significativo na actividade farmacológica, tais como a actividade antibacteriana, anti-HIV e anticancerígena. São servidos como indicadores fluorescentes eficientes para a região do pH fisiológico e como sondas fluorescentes para determinar a rigidez e fluidez das células vivas e do seu meio circundante. Estas moléculas têm sido intensivamente utilizadas como substratos modelo para quantificar a actividade enzimática das monooxigenases de microssomas. Alguns derivados foram utilizados como anticoagulantes, aditivos em alimentos e cosméticos, reagentes na preparação de insecticidas e como branqueadores ópticos.

Os cumarins são um tipo de cromóforos orgânicos fluorescentes significativos e amplamente utilizados na síntese de corantes laser, branqueadores fluorescentes, e materiais ópticos orgânicos não lineares. A forte fluorescência de cumarinas é atribuída à transferência de carga do estilete para o grupo carboniloxi. As suas características de absorção e fluorescência são fortemente alteradas pela natureza do substituto, posição substituída no anel de cumarina e nos meios circundantes. Os grupos de atracção de electrões na posição 3 e os grupos de repulsão de electrões na posição 7 demonstraram aumentar a intensidade de fluorescência das cumarinas. Foi demonstrado que as posições de 3 e 7 da espinha dorsal da cumarina modulam fortemente a fluorescência, afectando a energia dos dois estados de excitação mais baixa da molécula. Esta propriedade tem sido amplamente utilizada para a detecção da actividade enzimática por substituição na posição 7, explorando o aumento da emissão ao desmascarar de uma hidroxicumarina.

A influência dos solventes nos espectros de fluorescência e nos rendimentos quânticos pode ter várias origens, desde a perturbação devida ao índice de refracção do solvente e à constante dieléctrica até à ligação de hidrogénio ou mesmo a complexação entre o fluoróforo e o solvente. Estes factores podem alterar a diferença de energia entre o solo (s0) e o primeiro estado excitado (s1) e podem deslocar os espectros de emissão ou afectar os rendimentos de fluorescência (ou fosforescência). A ligação ao hidrogénio e a polaridade do solvente são os factores chave no controlo das vias de dissipação de energia após a excitação electrónica. As mudanças moderadas por solventes dos níveis de energia podem aumentar ou inibir as transições sem radiação para o estado do solo através do "efeito de proximidade" discutido por Lim.

O selénio é um micronutriente essencial tanto para animais como para humanos. A deficiência de selénio tem sido implicada como desempenhando um papel no crescimento de muitas doenças, incluindo o cancro. O selénio apresenta propriedades antioxidantes através da eliminação de radicais livres causados pela poluição ambiental. Estudos epidemiológicos e animais revelaram que vários compostos de selénio orgânico e inorgânico protegem contra a formação de tumores induzidos pelo carcinogéneo. Neste trabalho, apresentamos aqui as propriedades fotofísicas de um seleniocyanato biologicamente activo recentemente sintetizado derivado de cumarina (PCM) (*Esquema 3.2* no capítulo 3), que se espera possuir propriedades anti-oxidantes, nos solventes de polaridade variável e capacidade de ligação ao hidrogénio. O nosso objectivo é estudar as transições radiativas dependentes do solvente e a dinâmica de relaxamento deste composto organoselenium a partir do estado excitado de singlet. Finalmente, os resultados obtidos a partir dos estudos de fluorescência em estado estacionário e tempo resolvido foram racionalizados com cálculos teóricos.

5.2. Resultados e Discussão
5.2.1. Absorção modulada por solventes e comportamento em termos de emissões

Os espectros de absorção UV-vis e de fluorescência do PCM foram estudados em vários solventes de diferentes polaridades. Alguns espectros representativos de absorção em diferentes solventes não polares e polares são mostrados na Figura 5.1 e os dados espectrais correspondentes são relatados na Tabela 5.1. Observa-se uma absorção máxima de PCM a ser deslocada de 319 para 324 nm em solventes de polaridade variável. A absorção de PCM é caracterizada por uma banda larga com o máximo a aparecer entre 319 a 324 nm, e corresponde à transição n^n* da molécula para s1. A absorção é intensa e a posição de pico é sensível à polaridade do meio. A magnitude das deslocações sugere que o estado do solo da molécula é polar.

Os espectros de emissão de PCM (Figura 5.2), excitados a 324 nm, mostram uma única grande banda vermelha deslocada na região de 378-397 nm em curso de HEP para a água. A fluorescência máxima é muito afectada pela polaridade do solvente, onde se observa uma grande fluorescência vermelha deslocada ao aumentar a polaridade do solvente. O efeito da polaridade do meio sobre o máximo de fluorescência é mais intenso do que o efeito sobre o máximo de absorção. Esta observação sugere que o estado de emissão do PCM é mais polar do que o estado do solo. Os rendimentos de emissão são mais proeminentes nos solventes polares em comparação com os dos solventes não polares. Desde o deslocamento de Stokes ((Av, a diferença entre a energia de transição correspondente aos máximos de absorção E(A) e a energia de transição correspondente aos máximos de fluorescência E(F)) geralmente mais correlacionada com o parâmetro de polaridade microscópica do solvente, ет(30) e a variação linear do deslocamento de Stokes com ет(30) foi mostrada na Figura 5.3, onde se obtém uma dupla correlação linear. Os solventes polares próticos caem numa linha separada, indicando que o modo de solvência do estado de emissão é diferente do dos outros solventes polares próticos. Para os solventes polares próticos, o incremento gradual da mudança de Stokes de EtOH para água é devido a interacções de ligação intermolecular de hidrogénio. O composto, PCM, apresenta um aumento global da mudança de Stokes de solvente não polar para solvente polar prótico, principalmente devido ao efeito combinado do aumento da polaridade do meio e do estado de transferência de carga intramolecular (CT). A geração do estado CT em ambiente polar tem origem na presença do grupo oxyselenocyanatopentyl substituído em C(7) do esqueleto cumarina. A ocorrência de CT provoca a estabilização do estado sı do PCM. A causa desta estabilização com polaridade crescente do solvente é que os dipolos de solvente se orientam em torno do fluoróforo de tal forma que este atinge um arranjo energeticamente favorável.

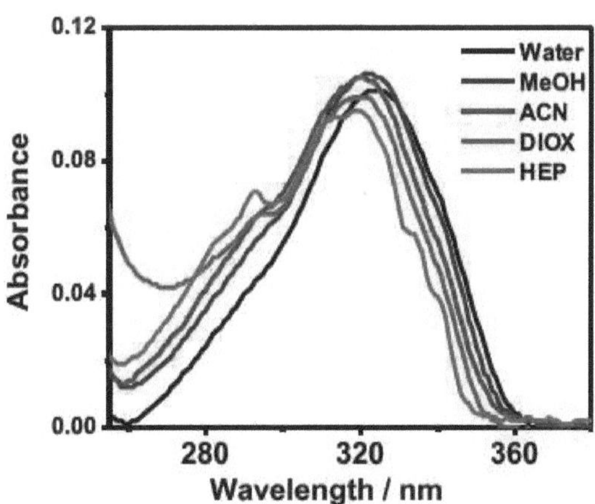

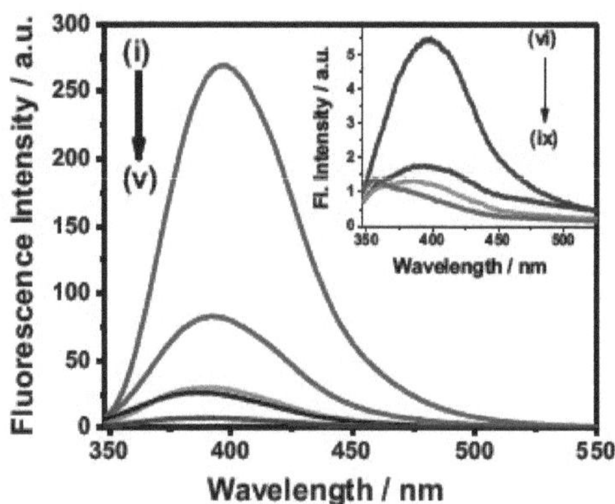

Figura 5.1. Perfil de absorção de PCM em diferentes solventes; [PCM] = 0,2 µM.

Figura 5.2. Perfil de emissão de PCM em diferentes solventes; (i) água, (ii) EG, (iii) MeOH, (iv) EtOH e (v) ACN. O Inset repete as curvas (vi) a (ix) correspondem a DMF, THF, DX e CYHX, respectivamente. Z_{exc} = 324 nm; [PCM] = 0,2 gM.

Quadro 5.1. Parâmetros fotofísicos e energia livre de solvente e <u>valores energéticos de reorganização da PCM em diferentes solventes</u>

Solvente	λ^{max} (nm)	λ^{max} (nm)	Cofre de extinção molar. (dm³ mol⁻¹ cm)⁻¹	Av (cm)⁻¹	ET(30) (kcal mol)⁻¹	AG (kcal mol)⁻¹	X (kcal mol)⁻¹
HEP	319	391	8933	4942	31.1	82.44	7.04
CYHX	321	378	8745	4746	31.2	82.16	6.76
DX	319	386	9309	5490	36.3	81.66	7.82
THF	322	391	9873	5529	37.4	80.77	7.87
DMF	322	396	9403	5852	43.9	80.31	7.68
GRUPO ACN	321	387	9873	5361	46.0	81.28	7.64
EtOH	323	386	9968	5053	51.9	81.03	7.20
MeOH	322	391	9968	5529	55.5	80.77	7.87
EG	326	392	9497	5165	56.3	80.06	7.36
Água	324	397	9497	5675	63.1	79.88	8.08

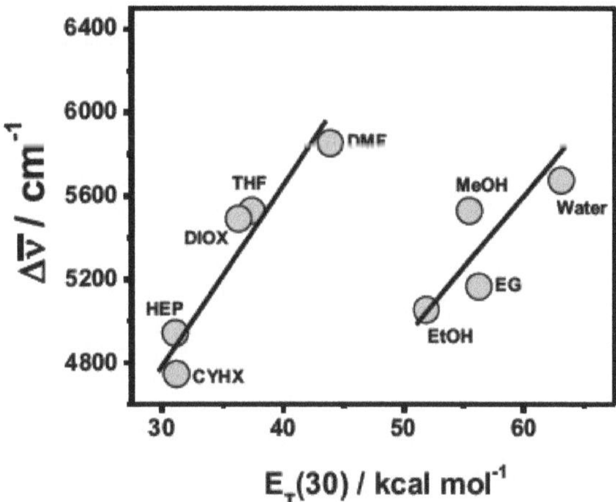

Figura 5.3. Variação de Stokes shift do PCM em função do parâmetro de polaridade do solvente.

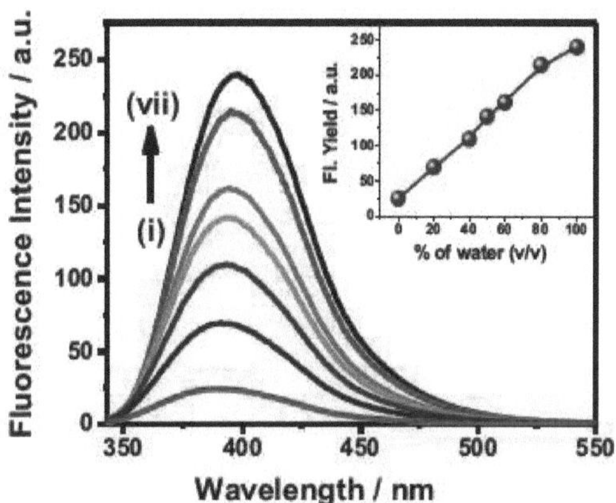

Figura 5.4. Espectros de emissão de PCM em MeOH em função da composição percentual da água. As curvas (i) a (vii) correspondem a 0%, 20%, 40%, 50%, 60%, 80% e 100% de água (v/v), respectivamente. Inset representa a variação da intensidade de emissão de PCM em relação à percentagem de água (v/v).

A fim de obter uma visão sobre interacções específicas entre solventes e fluoróforos, a influência na emissão de fluorescência de PCM em misturas metanol-água de composição diferente foi monitorizada e os espectros são ilustrados na Figura 5.4. A variação do rendimento da emissão de PCM com composição percentual diferente dessa mistura binária de solvente foi apresentada no inset da Figura 5.4. A adição de água na mistura metanol-água aumenta notavelmente a fluorescência de PCM com deslocamento vermelho. Este efeito pode ser descrito pelo efeito combinado da ligação de hidrogénio e da polaridade do meio. Este tipo de fenómeno é bastante comum no caso de a cumarina substituída ter dois estados singlet mais próximos$^{(n,\ \pi^*\ and\ \pi,\ \pi^*)}$, o que pode levar à mistura entre estes dois estados e, portanto, favorecer a travessia intersistemas. Como a polaridade do meio é aumentada, a interacção de ligação intermolecular de hidrogénio no estado excitado estabilizou o estado $^{\pi,\ \pi^*}$ e aumentando o espaçamento entre os dois estados, o que diminui a mistura entre os estados (*Esquema 5.1*). Como resultado, o cruzamento intersistemas de si para ti diminui e observa-se um aumento da fluorescência.

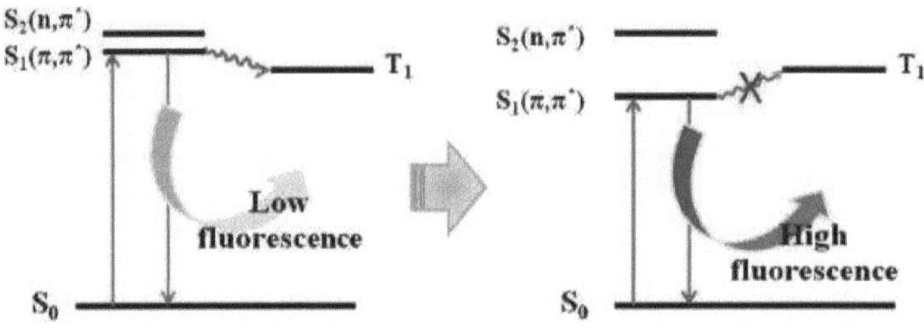

Esquema 5.1. Demonstração esquemática da modulação dos estados mais baixos de base n, n* e n, n* com polaridade de solvente no estado excitado.

5.2.2. Cálculo do momento dipolo de estado excitado

O comportamento da PCM em relação a diferentes polaridades do solvente pode ser interpretado em termos da diferença nos momentos dipolo no estado de solo e no estado excitado. A mudança espectral na banda de fluorescência pode ser atribuída à interacção entre o momento dipolo do soluto e a polarização do solvente. A extensão da separação da carga na excitação electrónica do PCM foi determinada medindo a mudança do momento dipolo $(\Delta\mu = \mu_e\text{-}\mu_g)$ utilizando o deslocamento espectral entre os máximos de absorção e emissão $(\Delta\bar{\nu} = \bar{\nu}_a - \bar{\nu}_f)$ em função da polaridade do solvente. De acordo com a equação de Lippert-Mataga.

$$\bar{\nu}_a - \bar{\nu}_f = \frac{2(\mu_e - \mu_g)^2}{hca^3}\left[\frac{\varepsilon-1}{2\varepsilon+1} - \frac{n^2-1}{2n^2+1}\right] + \text{constant} \qquad (5.1)$$

onde $\Delta\bar{\nu}_i$ é o turno do foguetão, μ_g e μ_e são momentos dipolo de terra e estado excitado, c é a velocidade da luz, h é a constante de Planck e a é o raio da cavidade Onsagar varrido pelo fluoróforo. Uma parcela de $\Delta\bar{\nu}_i$ versus Δf_i dá Au a partir da encosta.

Usando o modelo 1 (AM1) de Austin, a maior distância entre o oxigénio carbonilo e o carbono C(7) no anel de cumarina, uma vez que o raio da cavidade de Onsagar (3,62 A) foi calculado. A alteração do momento dipolo na excitação é estimada a partir da inclinação da equação (1) em cerca de 3,23 D para PCM. A partir de cálculos orbitais moleculares semi-empíricos ao nível AM1 utilizando o programa MOPAC envolvendo a optimização completa da geometria do estado do fluoróforo no solo, obtém-se o momento dipolo no estado do solo (μ_g). Obtido μ_g para PCM composto tem o valor de 6,23 D.

5.2.3. Análise de regressão linear múltipla

A fim de se obter perspicácia nos vários modos de solvência que determinam as energias de absorção e fluorescência, foi utilizada a abordagem de análise de regressão linear múltipla de Abraham *et al.* Foram encontradas correlações de E(A) e E(F) com o valor π^* de Taft, um índice da dipolaridade/polaridade do solvente e os valores α and β que representam a ligação de hidrogénio doando e aceitando a capacidade do solvente, respectivamente. As seguintes equações de regressão foram obtidas para PCM.

$$E(F) = 75.36 + 0.075\, \alpha - 0.57\, \beta - 2.95\, \pi^* \qquad (5.2)$$
$$E(A) = 89.32 - 0.75\, \alpha - 0.196\, \beta - 0.52\, \pi^* \qquad (5.3)$$

Para E(A), o rácio dos coeficientes de regressão de β e um denota a importância relativa da aceitação da ligação de hidrogénio sobre a doação pelos solventes com os compostos. O rácio é de 0,26, indicando que as fracas interacções de ligação de hidrogénio ocorrem no estado de terra em solventes polares.

A partir dos valores E(F), observa-se que a interacção dipolar do solvente (π^*) e a ligação de hidrogénio que aceita a propriedade (β), desempenham um papel fulcral no estado excitado. A razão que indica a importância relativa de π^* sobre B é 5,17. Isto revela que as interacções dipolares predominam nas propriedades de estado excitado do PCM. Os valores de intercepção mostram os valores E(A) e E(F) dos compostos num solvente puramente não-polar como o ciclohexano, onde não existe interacção específica. Os valores E(F) e E(A) observados do PCM no ciclohexano são muito próximos dos valores de intercepção calculados utilizando a análise de regressão linear múltipla.

5.2.4. Mudança livre de energia de energias de solvação e de reorganização

Foi estimada a mudança livre de energia das energias de solvência e reorganização da PCM em vários solventes (Tabela 5.1). De acordo com Marcus, pode-se dividir E(A) e E(F) da seguinte forma:

$$E(A) = \Delta G\,(solv) + \lambda_1$$
$$E(F) = \Delta G\,(solv) - \lambda_0$$

onde, ΔG (solvente) é a diferença de energia livre do estado do solo e do estado de equilíbrio excitado num determinado solvente e λ_r representa a energia de reorganização. Sob a condição de que, $\lambda_0 \approx \lambda_1 \approx \lambda$, obtemos,

$$E(A) + E(F) = 2AG \text{ (solvente)}$$

$$E(A) - E(F) = 2\,X$$

O valor $^{\Delta G}$ (solv) de PCM é máximo para o heptano, uma vez que é puramente não-polar e também o valor a e в de heptano é zero. O valor de $^{\Delta G}$ (solvente) é o mínimo em água. A diferença entre estes valores (água e heptano) deve dar a mudança de energia livre necessária para a formação da ligação de hidrogénio. A parcela de A($^{\Delta G}$) (solvente) i.e, ($^{\Delta G}$ HEP - $^{\Delta G}$ água) versus ет(30) foi representada na Figura 5.5. A diferença de energia livre de solvação em heptano e diferentes solventes de ligação ao hidrogénio, i.e. A($^{\Delta G}$) (solvente) valores de PCM seguem a ordem da energia de ligação ao hidrogénio. Nos solventes aprox. os valores são pequenos e a interacção do PCM com esses solventes é puramente fora das interacções dipolares no estado excitado. Os valores da energia de reorganização do PCM foram também determinados em diferentes solventes.

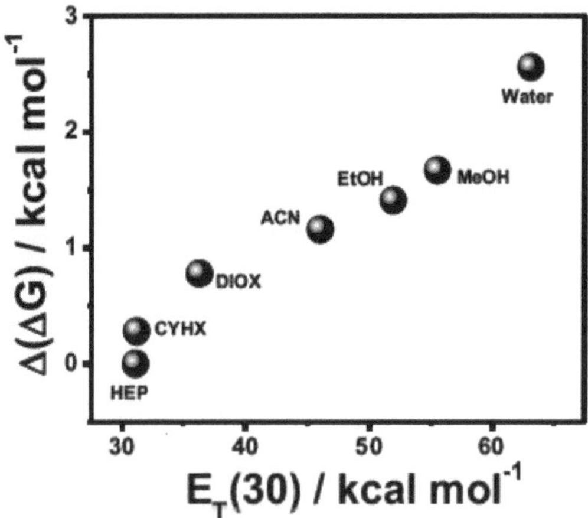

Figura 5.5. Lote de A(AG) versus Eт(30) de diferentes solventes de PCM.

5.2.5. Rendimento quântico de fluorescência e decadência de fluorescência resolvida no tempo

Os rendimentos quânticos de fluorescência ($\Phi^\wedge$) do PCM foram medidos em solventes de diferentes polaridades e apresentados na Tabela 5.2. A variação de Φ_f com o parâmetro de polaridade do solvente ет(30) está representada na Figura 5.6. Um olhar atento aos resultados mostra que os valores de Φ_f em vários solventes são sensíveis à polaridade do solvente. Φ_f de PCM aumenta com o aumento da polaridade do meio homogéneo. O notável aumento de Φ_f em meio protético polar é observado em comparação com o do meio aprotético polar. Isto pode ser devido à contribuição diferencial das interacções de ligação de CT e hidrogénio.

O comportamento de decomposição fluorescente da PCM tem sido estudado em vários solventes de diferentes polaridades e os dados são apresentados no Quadro 5.2. Na água e THF, o PCM mostra uma única decadência exponencial. No entanto, em outros solventes foram observados encaixes biexponenciais independentemente da polaridade do solvente. O encaixe biexponencial não indica necessariamente que as curvas de decaimento têm apenas duas constantes de tempo discretas; pode ser causado pela sonda experimentar duas conformações locais diferentes resultantes da interacção de ligação de hidrogénio entre as sondas e os solventes.

Tabela 5.2: Rendimento quântico da fluorescência, tempo de vida, radiativo e não-radiativo
Constantes de taxa de PCM em diferentes solventes

Solvente	Φ_f	τ_f (ns)	k_r (ns-1)	k_{nr} (ns)$^{-1}$
HEP	0.002	0.16	0.011	6.240
CYHX	0.004	0.16	0.024	6.226
DX	0.004	0.17	0.026	5.856
THF	0.006	1.17	0.005	0.849
DMF	0.016	1.02	0.015	0.965
GRUPO ACN	0.015	0.56	0.026	1.760
EtOH	0.052	0.43	0.120	2.206
MeOH	0.053	0.44	0.121	2.152
EG	0.182	1.46	0.125	0.560
Água	0.497	1.75	0.284	0.288

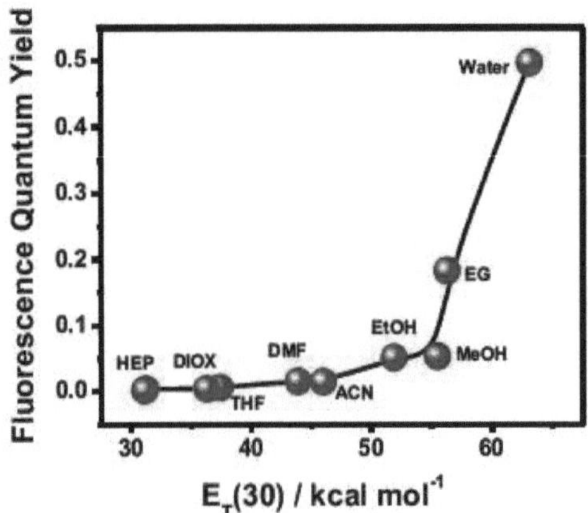

Figure 5.6. Variation of fluorescence quantum yield of PCM as a function of solvent polarity parameter.

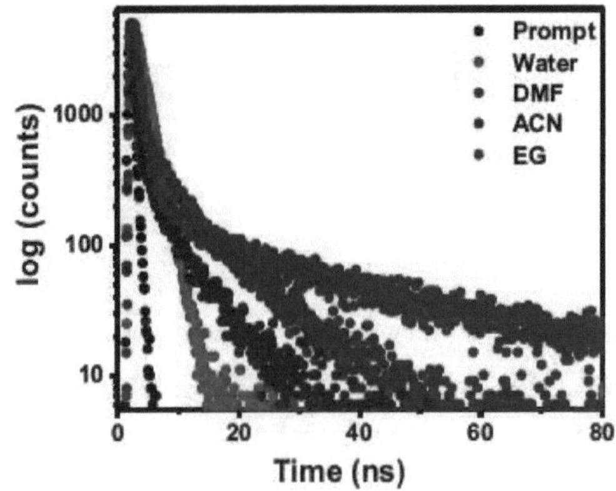

Figure 5.7. Typical fluorescence decay curves of PCM associated with lamp profile in different solvents; λ_{exc} = 295 nm.

Figura 5.6. Variação do rendimento quântico de fluorescência do PCM em função do parâmetro de polaridade do solvente.

Figura 5.7. Curvas típicas de decaimento de fluorescência da PCM associadas ao perfil da lâmpada em diferentes solventes; λ_{exc} = 295 nm.

Os perfis de decaimento de fluorescência de estado excitado do PCM em diferentes ambientes homogéneos são mostrados na Figura 5.7. A linha completa é o ajuste calculado assumindo uma decadência exponencial convolutiva com a função de resposta do instrumento. Em vez de colocar demasiada ênfase nas magnitudes das constantes de decaimento individuais em decaimentos tão complexos, escolhemos utilizar a vida média da fluorescência (x_f) que serve como parâmetro importante para explorar o comportamento dinâmico do PCM nestes solventes. A partir da Tabela 5.2, observa-se que os valores do tempo de vida útil da sonda se enquadram em três categorias. No solvente protico polar, o tempo de vida médio aumenta à medida que aumenta a polaridade do meio. Em contrapartida, nos solventes polares apitos, o tempo de vida médio aumenta à medida que a polaridade do meio diminui e nos solventes não polares os tempos de vida médios são muito baixos. A variação nos valores de vida útil pode dever-se ao modo diferente de interacção de ligação de hidrogénio da sonda em diferentes solventes em estado excitado.

5.2.6. Taxa radial e não-radiativa constante

Para racionalizar o efeito da solvação na dinâmica do estado excitado o radiativo [$k_r = \Phi_f / x_f$] e não-radiativo [$k_{nr} = (1 - \Phi / \tau)$] as constantes de taxa foram calculadas usando rendimentos quânticos de fluorescência (Φ_f) e tempos de vida (x_f) do PCM em diferentes solventes. Os valores de k_r, e k_{nr} em diferentes solventes são apresentados no Quadro 5.2. O valor constante da taxa radiativa da PCM mostra uma sensibilidade substancial à polaridade do solvente. A variação de log ($k_{nr/kr}$) de PCM com $E_T(30)$ foi representada na Figura 5.8. De um olhar atento sobre a figura, observa-se que com o aumento da polaridade do solvente, o log ($k_{nr/kr}$) da PCM diminuiu gradualmente e mostra o mínimo em água. Parece que os valores de k_{nr} da PCM em solventes não polares predominam sobre os solventes polares. Pode especular-se que a interacção de ligação de hidrogénio em ambientes polares próticos melhora a estabilização do estado s_1 do PCM e leva a uma diminuição das taxas de relaxamento não-radiativo.

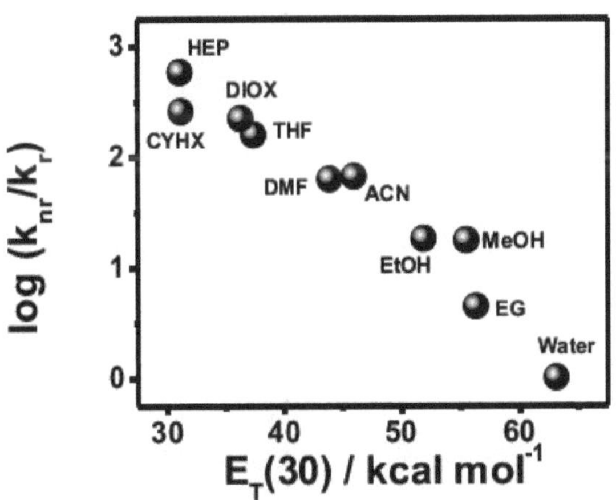

Figura 5.8. Variação de log ($k_{nr/kr}$) de PCM em função do parâmetro de polaridade do solvente.

5.2.7. Cálculo de DFT e TD-DFT quantum químico

Para ter uma melhor compreensão das diferentes propriedades do estado excitado e para prever a energia das transições electrónicas e momentos dipolo foram calculados utilizando métodos DFT ao nível B3LYP/6-31G* para PCM no solo e no estado excitado. A geometria optimizada da fase gasosa do PCM no estado de terra utilizando o método B3LYP no conjunto básico 6-31G* é obtida e é mostrada no *esquema 5.2*. O momento dipolo calculado do estado moído e excitado para PCM são 6,27 D e 9,35 D, respectivamente. Estes valores correspondem razoavelmente aos valores obtidos na secção anterior 5.2.2. O cálculo do DFT (TD-DFT) dependente do tempo produz a primeira transição vertical si para so do PCM, uma excitação HOMO para LUMO no comprimento de onda 332 nm com força oscilante de 0,3938, respectivamente. As parcelas de superfície de isodensidade de HOMO e LUMO são mostradas no *Esquema 5.2*. A energia do perfil orbital fronteiriço HOMO e LUMO do PCM em estado de solo é -0,0768 e -0,2371 eV, respectivamente, enquanto em estado excitado, o valor energético correspondente é -0,0876 e -0,2335 eV, respectivamente. A distribuição electrónica em HOMO em estado moído e excitado de PCM mostra que a nuvem de electrões é unicamente projectada na direcção da moiety de selenocyanate em C(7) substituição do esqueleto de cumarina mãe, enquanto que a densidade de electrões LUMO do mesmo mostra a distribuição total da nuvem de electrões sobre todo o anel de benzopiranona. O perfil de distribuição electrónica de HOMO e LUMO no estado de terra quando comparado com o seu estado excitado, nota-se uma mudança subtil na distribuição da densidade. Com esta informaçãq, obtemos o forte apoio sobre o possível estado de transferência de carga devido à presença do grupo C(7) oxyselenocyanatopentyl substituído no estado moído e excitado, tal como obtido a partir do resultado experimental.

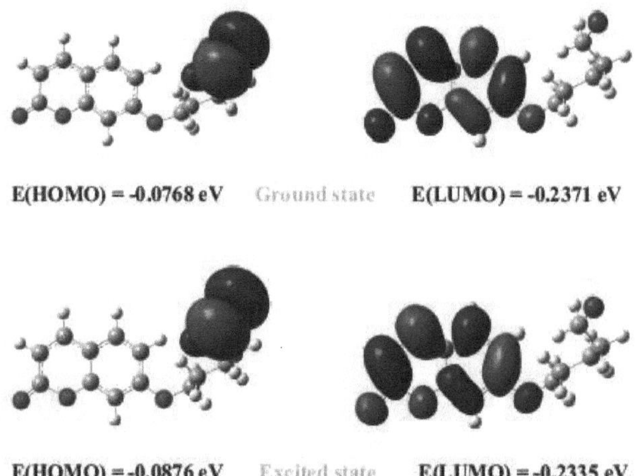

Esquema 5.2. Orbitais fronteiriços de PCM calculados pelo método B3LYP/6-31G* no solo (DFT) e estado excitado (TD-DFT). A energia da órbita fronteiriça HOMO e

LUMO do PCM em estado moído e excitado é dada abaixo.

5.3. Resumo

Estudos espectroscópicos revelam que o comportamento solvatocrómico da PCM depende não só da polaridade do meio mas também das propriedades de ligação de hidrogénio dos solventes. Uma análise Kamlet-Taft mostra que no estado excitado, a PCM forma um complexo estável de ligação de hidrogénio com solventes com elevada capacidade de aceitação de ligação de hidrogénio e baixo carácter doador de ligação de hidrogénio. A diferença de energia livre de solvação da sonda em solvente prótico polar e em solvente prótico polar corresponde à energia de ligação de hidrogénio. Para esta cumarina substituída, a interacção de ligação de hidrogénio em ambientes polares próticos melhora a estabilização do estado s₁ que leva à diminuição da mistura entre os estados e, como resultado, observou-se uma diminuição nas taxas de relaxamento não-radiativo. Os resultados teóricos baseados na teoria funcional da densidade estão em boa concordância com os dados experimentais. Podemos prever isto para lançar alguma luz para o rastreio e concepção do composto organoselenium adequado de entre numerosas variantes estruturais desta nova geração de drogas terapêuticas fluorescentes rapidamente emergentes.

■ Referências

[1] A. Kotali, I.S. Lafazanis, P.A. Haris, *Tet. Lett.* 48 (2007) 7181.

[2] A. Lacy, R. O'Kennedy, *Moeda. Pharm. Des.* 10 (2004) 3797.

[3] K.C. Fylaktakidou, D.J. Hadjipavlou-Litina, K.E. Litinas, D.N. Nicolaides, *Curr. Fylaktakidou, K.E. Des.* 10 (2004) 3813.

[4] M. Walshe, J. Howarth, M.T. Kelly, R. O'Kennedy, M.R. Smyth, *J. Pharm. Biomed. Anal.* 16 (1997) 319.

[5] S. Sardari, Y. Mori, K. Horita, R. G. Micetich, S. Nishibe, M. Daneshtalab, *Bioorg. Med. Chem.* 7 (1999) 1933.

[6] K.A. Kozyra, J.R. Heldt, H.A. Diehl, J. Heldt, *J. Photochem. Photobiol. A: Chem.* 152 (2002) 199.

[7] M.S.A. Abdel-Mottaleb, M.S. Antonious, M.M. Abo-Aly, L.F.M. Ismaiel, B.A. El-Sayed, A.M.K. Sherief, *J. Photochem. Photobiol. A: Chem.* 50 (1989) 259.

[8] M. Engelke, T. Behmann, F. Ojeda, H.A. Diehl, *Chem. Phys. Lipids* 72 (1994) 35.

[9] R.D.H. Murray, J. Mendez, S.A. Brown, *The Natural Coumarins: Occurrence, Chemistry and Biochemistry*, Wiley & Sons, New York, 1982.

[10] J.H. Fentem, J.R. Fry, *Comp. Biochem. Physiol.* 104C (1993) 1.

[11] D. Bogdal, *J. Chem. Res. (S)* (1998) 468.

[12] A.A. Esenpinara, M. Durmus, M. Bulut, *J. Photochem. Photobiol. A: Chem.*

213 (2010) 171.

[13] F.F. Ye, J.R. Gao, W.J. Sheng, J.H. Jia, *Dyes Pigm.* 77 (2008) 556.

[14] L.H. Xu, Y.Y. Zhang, X.L. Wang, J.Y. Chou, *Dyes Pigm.* 62 (2004) 283.

[15] J. Griffiths, V. Millar, G.S. Bahra, *Dyes Pigm.* 28 (1995) 327.

[16] K. Azuma, S. Suzuki, S. Uchiyama, T. Kajiro, T. Santa, K. Imai, *Photochem. Photobiol. Sci.* 2 (2003) 443.

[17] K. Sivakumar, F. Xie, B.M. Cash, S. Long, H.N. Barnhill, Q. Wang, *Org. Lett.* 6 (2004) 4603.

[18] Z. Zhou, C.J. Fahrni, *J. Am. Chem. Soc.* 126(29) (2004) 8862.

[19] M.M. Blum, C.M. Timperley, G.R Williams, H. Thiermann, F. Worek, *Biochem.* 47 (2008) 5216.

[20] J.A. Key, S. Koh, Q.K. Timerghazin, A. Brown, C.W. Cairo, *Dyes Pigm.* 82 (2009) 196.

[21] J.R. Lakowicz, *Principles of Fluorescence Spectroscopy*, terceira ed., Springer, Nova Iorque, 2006.

[22] N.J. Turro, *Modern Molecular Photochemistry*, Benjamin/Cummings, Menlo Park, CA, 1978.

[23] N. Mataga, T. Kubota, *Molecular interactions and Electronic Spectra*, Dekker, New York, 1970, Capítulo 7,8.

[24] S. Pramanik, P. Banerjee, A. Sarkar, A. Mukherjee, K.K. Mahalanabis, S.C. Bhattacharya, *Spectrochim. Acta Parte A: Mol. Biomol. Spec.* 71 (2008) 1327.

[25] D.M. Willard, R.E. Riter, N.E. Levinger, *J. Am. Chem. Soc.* 120 (1998) 4151.

[26] S. Saha, A. Samanta, *J. Phys. Chem. A* 106 (2002) 4763.

[27] C. Reichardt, *Solventes e Efeitos Solventes na Química Orgânica*, VCH Weinheim, segunda edição, 1988.

[28] G.W. Castellan, Physical Chemistry, Narosa Publishing House, Delhi, terceira edição, 2004.

CAPÍTULO 6

SONDAGEM ESPECTROSCÓPICA DO MICROAMBIENTE DE 7-OXY(5-SELENOCYANATO-PENTYL)-2H-1-BENZOPYRAN-2-ONE EM MICELAS IÓNICAS E NÃO IÓNICAS

6.1. Introdução: Perspectiva do Trabalho

Os cumarins constituem uma das principais classes de compostos naturais, e o interesse pela sua química continua inabalável devido à sua utilidade como agentes biologicamente activos. As cumarinas (derivados de 1,2-benzopirona) são de imenso interesse para as suas potenciais aplicações, não só porque têm propriedades luminescentes únicas no âmbito da luz visível, mas também porque têm méritos para demonstrar uma diversidade de reactividade em relação aos substratos biológicos. Estes compostos têm múltiplas actividades biológicas, incluindo a prevenção de doenças, modulação do crescimento e propriedades antioxidantes. Sabe-se que os cumarinos exercem actividade antitumoral *in-vivo* e podem causar alterações significativas na regulação das respostas imunitárias, crescimento celular e desempenham um papel significativo na actividade farmacológica, tais como o antimicrobiano *in-vitro*, U2OS tumoricida, antiHIV e actividade anticancerígena. São amplamente utilizados como indicadores fluorescentes eficientes para a região do pH fisiológico e como sondas fluorescentes para determinar a rigidez e fluidez das células vivas e do seu meio circundante. Estas moléculas têm sido intensivamente utilizadas como substratos modelo para quantificar a actividade enzimática das monooxigenases de microssomas.

Os cumarinos são um tipo de cromóforos fluorescentes orgânicos significativos e amplamente utilizados como anticoagulantes, aditivos em alimentos e cosméticos, reagentes na preparação de insecticidas e na síntese de corantes laser, branqueadores ópticos, materiais ópticos orgânicos não lineares. A forte fluorescência de cumarinas é atribuída à transferência de carga do estilete para o grupo carboniloxi. As suas características de absorção e fluorescência são fortemente alteradas pela natureza do substituto, posição substituída no anel de cumarina e nos meios circundantes. Os grupos de atracção de electrões na posição 3 e os grupos repelentes de electrões na posição 7 demonstraram aumentar a intensidade de fluorescência das cumarinas. Foi demonstrado que as posições de 3 e 7 do osso posterior da cumarina modulam fortemente a fluorescência, afectando a energia de dois estados de menor excitação da molécula. Esta propriedade tem sido amplamente utilizada para a detecção da actividade enzimática por substituição na posição 7, explorando o aumento da emissão ao desmascarar de uma hidroxicumarina.

Nos últimos tempos, tem merecido enorme atenção a exploração da sondagem de moléculas de drogas encapsuladas em interfaces organizadas como as micelas aquosas que são biologicamente relevantes quer como veículos de distribuição de drogas, principalmente devido à estreita semelhança dos ambientes micelares com os de sistemas biológicos como as proteínas, e enzimas. A penetração da droga nos meios micelares a partir da água a granel modifica enormemente os fotoprocessos, uma vez que a polaridade e viscosidade nos ambientes imediatos à volta da sonda são bastante diferentes dos da fase aquosa a granel. O encapsulamento de tais moléculas biologicamente potentes dentro de diferentes nanoassuntos biomiméticos atrai o interesse em explorar a potencial eficácia da sua assinatura fluorescente para a compreensão da sua interacção com alvos biológicos relevantes. Este facto proporciona uma oportunidade única de focalização fisiológica de fármacos e/ou portadores de fármacos carregados, tais como micelas, para estas áreas patológicas. Além disso, os tensioactivos, devido à sua capacidade de solubilizar as proteínas da membrana, são extremamente importantes na simulação da condição ambiental complexa presente em agregados biológicos maiores, tais como as membranas biológicas. Estudos realizados em sistemas simples de membranas, como as micelas, são particularmente importantes no caso de compostos fototóxicos. A este respeito, muito se tem dedicado recentemente a temas relativos à fotoquímica de fármacos. Juntamente com outros critérios, a qualidade de um fármaco é avaliada em termos de eficácia que se refere à potencial resposta terapêutica máxima que um fármaco pode proporcionar sem produzir toxicidade. Leung *et* al. e Bishi *et* al. estabeleceram que o fármaco capturado por micelas está bem disperso em soluções aquosas, aumentando assim significativamente a biodisponibilidade.

Aqui, apresentamos resultados inequívocos demonstrando que a fofísica de 7-oxy(5-selenocyanato-pentyl)-2H-1-benzopyran-2-one (PCM) (*Esquema 3.2* no capítulo 3) em sistemas micelares compostos por dodecilsulfato de sódio (SDS), brometo de cetil trimetilamónio (CTAB), e tritão X-100 (TX-100). Estas micelas servem não só como sistemas modelo para biomembranas, mas também permitem investigações fotofísicas em função da polaridade do grupo de cabeça. O nosso foco no presente trabalho é decifrar como o microambiente que envolve a sonda altera o processo fotofísico em diferentes bio-conjuntos micelares, tal como relatado pela molécula PCM aprisionada. Foram realizadas experiências de têmpera por fluorescência induzida por iodeto de PCM em micelas para sondar a localização plausível do fluoróforo. Também pretendemos explorar a dinâmica da PCM nestes ambientes micelares para compreender o seu comportamento rotacional em meios confinados. Os presentes resultados também reivindicam as aplicações prospectivas da PCM como repórter molecular extrínseco frutífero para as montagens microheterogénicas.

6.2. Resultados e Discussão

6.2.1. Características espectrais do PCM

Os espectros de absorção da solução aquosa de PCM mostram uma banda larga com um máximo de cerca de 323 nm correspondente a n $^\wedge$ n* transição da molécula para si. Os espectros de absorção de PCM não exibem nenhuma alteração significativa na presença dos tensioactivos, levando a uma interacção subtil no estado do solo.

Os espectros de fluorescência de PCM em solução aquosa mostram uma banda única, ampla e não estruturada com um máximo de 397 nm. A adição gradual de surfactantes leva a um pequeno desvio azul, juntamente com uma diminuição da intensidade de fluorescência reflectindo que o ambiente em redor da sonda é modificado à medida que passamos de soluções micelares puramente aquosas para soluções micelares aquosas. A assinatura de fluorescência da PCM em função da concentração de tensioactivos foi ilustrada na Figura 6.1 e as características espectrais correspondentes da PCM em diferentes ambientes micelares são apresentadas na Tabela 6.1. Ambas as observações reflectem os microambientes em redor da sonda nas soluções micelares sendo bastante diferentes dos da fase aquosa. Uma mudança azul nos espectros de emissão sugere que a polaridade dos ambientes micelares é menor do que a polaridade da água a granel. A diminuição da intensidade da fluorescência após a adição de tensioactivos pode estar associada à formação de um complexo de associação entre a sonda saída e os tensioactivos, devido à interacção electrostática e iondipolo.

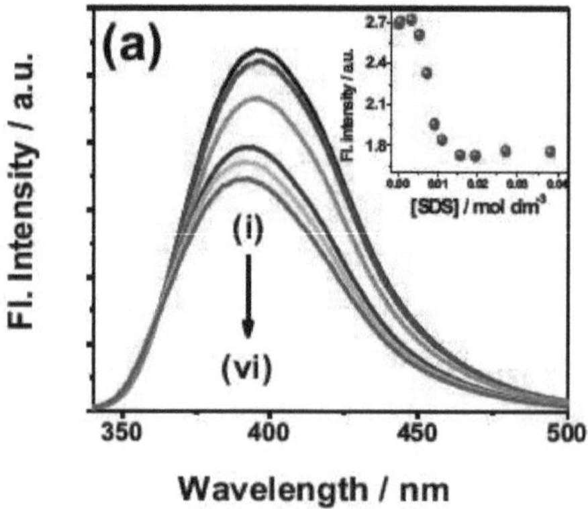

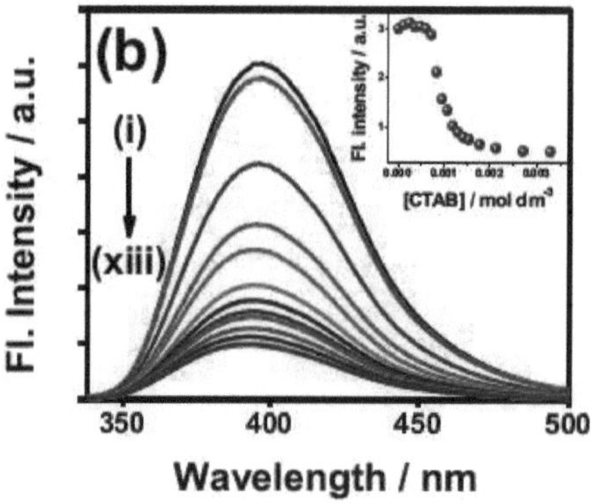

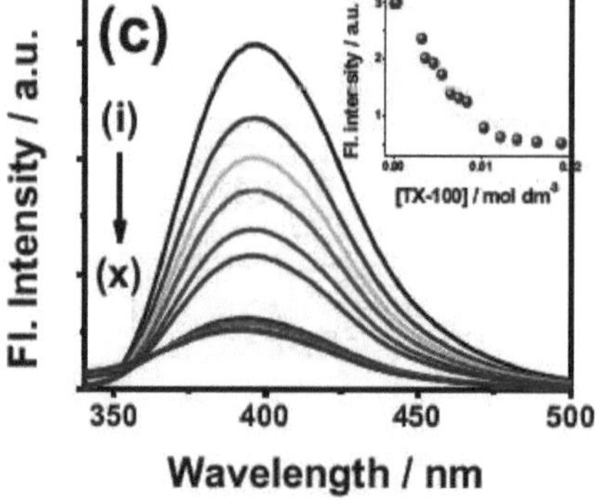

Figura 6.1. Espectros de fluorescência de PCM em (a) SDS; [SDS]: 0,0, 5,1, 7,1, 9,0, 11,0 e 15,6 mM (b) CTAB; [CTAB] : 0,0, 0,7, 0,8, 0,95, 1,1, 1,2, 1,3, 1,4, 1,5, 1,8, 2,1, 2,7 e 4,0 mM e (c) TX-100; [TX-100]: 0,0, 3,1, 3,5, 5,5, 6,4, 10,3, 12,1, 14,0, 16,2 e 19,0 mM, respectivamente. Os insets mostram a variação das intensidades de fluorescência de

PCM com concentrações de tensioactivos abaixo e acima do valor de CMC dos tensioactivos.

Quadro 6.1. Características espectrais, constante de ligação (K) de PCM com diferentes micelas e constantes de Stern-Volmer (K_{SV}) para o apagamento da fluorescência PCM por iodeto em diferentes micelas.

Ambiente Micelar	Emissões máximas (nm)	Rendimento quântico	$K \times 10^{-4}$ (mol dm)$^{-13}$	$Ksv \times 10^{2}$ (mol^{-1} dm)^{3}
Água	397	0.35	-	-
SDS (38 mM)	392	0.23	19.3	108
CTAB (4 mM)	393	0.07	69.0	45
TX-100 (19 mM)	391	0.11	4.3	284

A extensão da ligação PCM-micelle pode ser racionalizada a partir dos dados de intensidade de fluorescência obtidos utilizando o método descrito por Almgren et al. De acordo com este método

$$\frac{F_0 - F_\infty}{F_0 - F} = 1 + \frac{1}{K[M]} \tag{6.1}$$

onde, F_0 , F, e F, são as intensidades de fluorescência do PCM na ausência de surfactante, em soluções micelares (concentração micelar [M]), e em condições de micelização completa, respectivamente. K representa a constante de ligação entre a sonda no estado excitado e a micelar. A concentração micelar [M] foi calculada utilizando a concentração do tensioactivo [S] como [M] = ([S] - CMC)/N, onde CMC é a concentração micelar crítica e N é o número de agregação. Tanto o CMC como os números de agregação foram retirados da literatura.

A partir das encostas das parcelas individuais, as constantes de ligação foram determinadas e os valores foram indicados no Quadro 6.1. Os valores das constantes de ligação seguem a ordem CTAB > SDS > TX-100. Uma ligação relativamente mais forte entre a sonda e a micela CTAB pode ser explicada pelo facto de todos os átomos hetero do PCM terem cargas parcialmente negativas, que interagem fortemente com as unidades micelares CTAB com carga positiva.

6.2.2. Têmpera por fluorescência induzida por iodeto

Para confirmar a localização do fluoróforo no ambiente micelar, foi estudada a têmpera por fluorescência da sonda na solução micelar utilizando iodeto como supressor (Figura 6.2). A ideia por detrás desta medição é que o têmpera só é acessível na parte polar e tanto a têmpera estática como a dinâmica requerem contacto molecular entre o fluoróforo e o têmpera. O comportamento de têmpera obedece à equação de Stern-Volmer F,.

$$\frac{F_0}{F} = 1 + K_{SV}[Q] \tag{6.2}$$

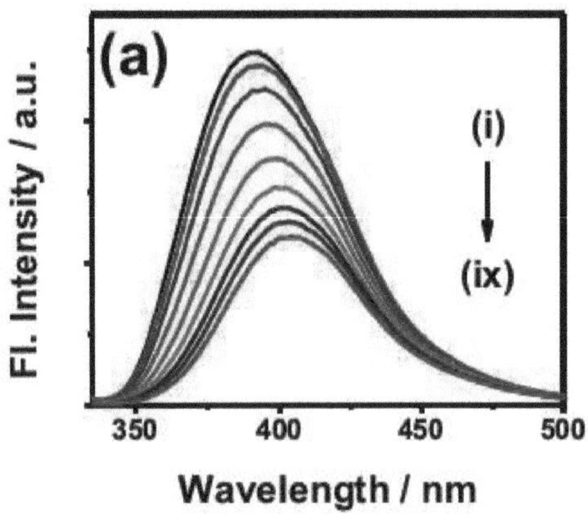

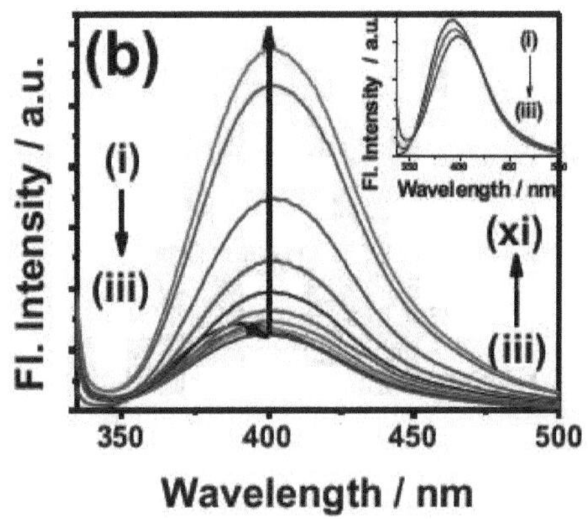

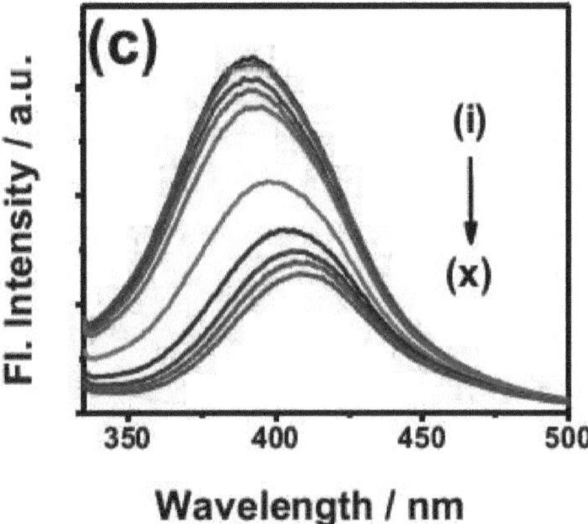

Figura 6.2. Espectros de têmpera de fluorescência da sonda ligada à micela em função da concentração de têmpera; (a) SDS: (i) a (ix) corresponde a 0,0 a 10,6 mM KI; (b)

CTAB: (i) a (x) corresponde a 0,0 a 4,5 mM KI; inset mostra as tendências decrescentes e (c) TX-100: (i) a (x) corresponde a 0,0 a 5,7 mM KI.

onde F_0 e F são as intensidades de fluorescência na ausência e presença de têmpera e [Q] é a concentração em massa de têmpera. K_{SV} é a constante de Stern-Volmer. Os espectros de absorção (Figura 6.3) do PCM em meios micelares alteram-se na presença do ião de têmpera indicando a natureza estática da têmpera. A linearidade da parcela Stern-Volmer indica que apenas um tipo de têmpera ocorre numa gama de concentração utilizada nas experiências. O gráfico típico do Stern-Volmer para têmpera é apresentado na Figura 6.4. Os valores obtidos do K_{SV} em ambiente micelar iónico e não iónico seguem a ordem TX-100 > SDS > CTAB e os dados foram apresentados na Tabela 6.1. A ordem é apenas a inversa da da encadernação. À medida que a ligação aumenta, o número de moléculas de sonda livre acessíveis para têmpera diminui e assim os valores de K_{SV} também diminuem. Isto indica que o têmpera ocorre na interface das micelas onde a molécula da sonda livre está associada ao têmpera.

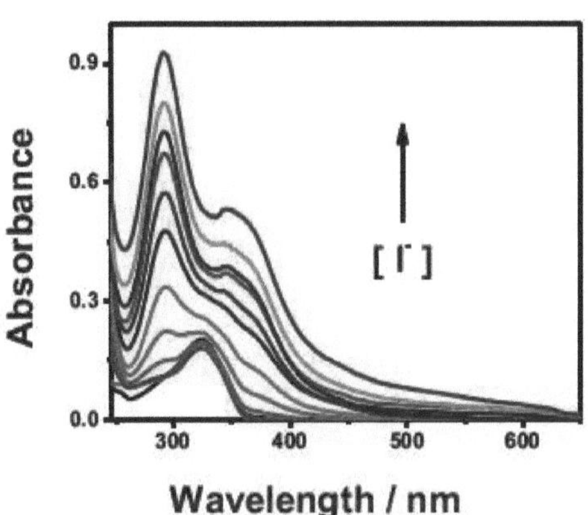

Figura 6.3. Espectros de absorção de PCM no CTAB em presença de quencher KI.

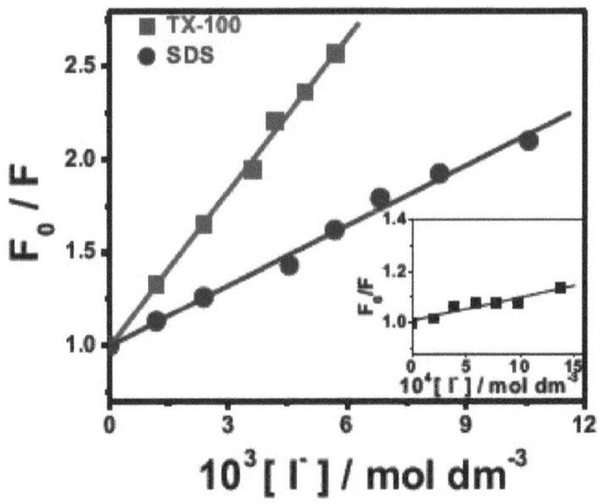

Figura 6.4. Lote Stern-Volmer de PCM em diferentes meios micelares do TX-100 e SDS;

o inset mostra o do CTAB.

Curiosamente, a adição sucessiva de iodeto à molécula PCM ligada ao CTAB confere uma mudança substancial no perfil de absorção da molécula PCM, levando a uma interacção substancial no estado de solo. A resposta de fluorescência da mesma mostra uma observação sem precedentes. Obtemos um melhoramento dramático da fluorescência PCM nas micelas CTAB após a adição do ião iodeto acima de uma certa concentração (1,8 mM) que está em forte contraste com a têmpera antecipada. Esta observação juntamente com o deslocamento bathochromic associado e o aumento da fluorescência confirma que a sonda está mais exposta ao volume na presença do ião iodeto. Esta interessante e inesperada tendência espectral da fluorescência do PCM micelizado foi atribuída ao fenómeno de troca iónica operativa entre o ião I⁻ e o ião contador da micela CTAB, resultando num aumento das dimensões (2,85 nm a 2,98 nm) das micelas em menor concentração (1,5 mM) do ião iodeto e em maior concentração (5,0 mM) do ião iodeto, a estrutura micelar desestabiliza-se conforme observado a partir do estudo da dispersão dinâmica da luz (DLS).

6.2.3.   Efeito da ureia na sonda ligada à micela

A ureia é escolhida como chaotropo, tendo em vista a sua conhecida capacidade de funcionar como desnaturante para biomoléculas como as proteínas. Uma vez que as micelas são modelos relativamente simples para sistemas biológicos complexos e a transição das proteínas de um estado desordenado para a conformação nativa tem algumas semelhanças com a formação de micelas. A fim de compreender a base microscópica do papel da ureia como desnaturante, realizámos o efeito da ureia para o PCM ligado à micela para obter mais informações.

A adição de ureia à sonda ligada à micela em presença de supressor leva a um aumento da intensidade da fluorescência, sugerindo que o fluoróforo é expelido dos ambientes microheterogéneos para a fase aquosa a granel (Figura 6.5). Assim, a ureia remove as moléculas de água da interface das micelas. Assim, a adição de ureia leva à expulsão das moléculas da interface da sonda para a fase aquosa a granel. A ordem do aumento da intensidade da fluorescência é a seguinte CTAB > SDS > TX-100 que é a mesma com a da ligação.

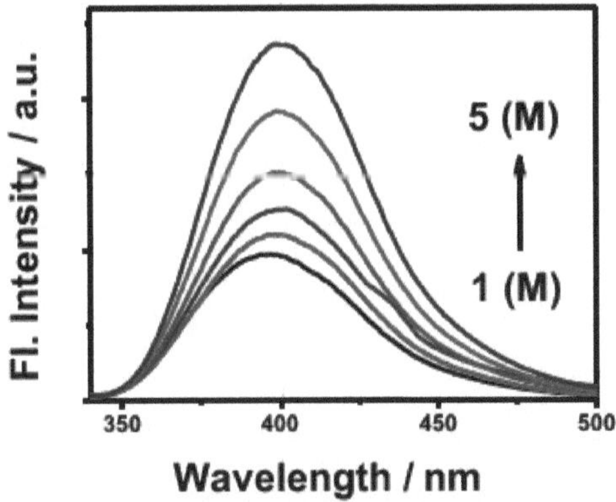

Figura 6.5. Espectros de emissão de PCM ligado a micelas em função da adição de ureia no CTAB (4 mM).

6.2.4.   Estimativa da micropolaridade

Tendo influenciado pela alta sensibilidade da PCM à polaridade do ambiente homogéneo, tentámos determinar a micropolaridade do ambiente micelar. Foi obtida uma correlação linear do gráfico de máximos de emissão ($X^\wedge_x$) de PCM em diferentes composições de mistura de dioxano-água contra o parâmetro de polaridade do solvente ($E_T(30)$) (Figura 6.6) com base na energia de transição para a transferência de carga intramolecular de transferência de betaína 2,6- difenil-4(2,4,6 trifenil-1- piridono)fenolato desenvolvido por Reichardt. Interpolando os valores dos máximos de emissão de PCM ligados às micelas ao nível de saturação das interacções sonda-micela sobre a correlação acima referida, determinámos parâmetros $E_T(30)$ em torno da sonda e estes são apresentados na Tabela 6.2. Os parâmetros $E_T(30)$ estimados nos meios micelares sugerem que o fluoróforo reside na interface água-micela, uma vez que os valores de polaridade diferem largamente dos valores em água a granel. O estudo de têmpera da fluorescência e a determinação da micropolaridade permitem-nos encontrar a localização provável do fluoróforo. As moléculas da sonda podem residir na camada de popa de micelas iónicas e na camada de paliçada nas micelas não iónicas.

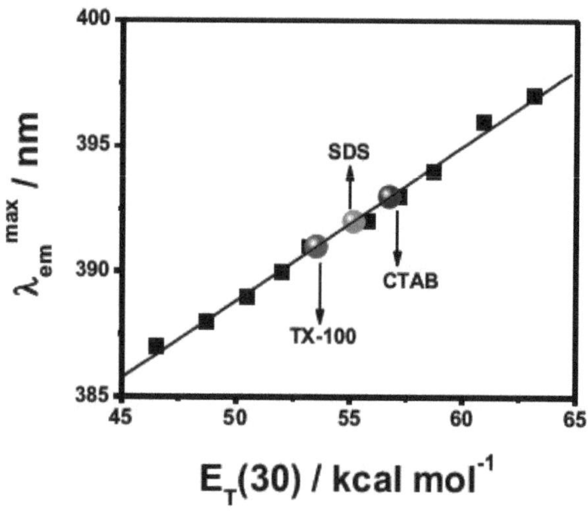

Figura 6.6. Variação dos máximos de fluorescência de PCM em solvente e meio micelar com ET(30) misturados com água de dioxano.

Quadro 6.2. Anisotropia de fluorescência (r) de PCM, ET(30) e microviscosidade $^{(\eta)}$ em diferentes ambientes micelares.

Micellar Ambiente	ET(30) (kcal mol)$^{-1}$	r	n (cp)
SDS (38 mM)	55.16	0.08	0.68
CTAB (4 mM)	56.74	0.20	2.96
TX-100 (19 mM)	53.52	0.14	1.51

6.2.5. Estudo de anisotropia por fluorescência de estado estável

A medição da anisotropia de fluorescência desempenha um papel importante ao afectar o tamanho, forma, ou flexibilidade segmentar de uma molécula. Uma vez que reflecte directamente a extensão da restrição imposta pelos ambientes micelares às propriedades dinâmicas do fluoróforo, investigámos a anisotropia de fluorescência em estado estável do PCM em diferentes sistemas micelares. Foi observado que a anisotropia de fluorescência do PCM aumenta com o aumento da concentração de surfactantes. Esta observação sugere que a difusão rotacional da molécula da sonda é significativamente restringida em todos os ambientes micelares estudados. A extensão da alteração da anisotropia de fluorescência observada no caso do meio SDS é notavelmente menor do que a extensão das alterações observadas nos meios CTAB e TX-100 e a ordem da alteração da anisotropia de fluorescência é CTAB > TX-100 > SDS. O valor da anisotropia de fluorescência do PCM em vários microambientes foi apresentado na Figura 6.7 e os respectivos parâmetros de decaimento são recolhidos na Tabela 6.2.

Isto reflecte que o fluoróforo é relativamente menos limitado no ambiente SDS. Os valores relativos da anisotropia sugerem ainda que a sonda é mergulhada mais no interior em CTAB e TX-100 micelas do que no meio SDS. Este resultado leva a uma sugestão lógica de que a molécula da sonda contendo tantos átomos hetero deve ligar se à região interfacial micelar de água.

Uma vez que a anisotropia fluorescente está intimamente ligada à viscosidade do microambiente que a rodeia, determinámos a microviscosidade $^{(\eta)}$ utilizando a equação

$$\overline{\eta} = \frac{2.4\ r}{0.362 - r} \tag{6.3}$$

onde (r) é a anisotropia de fluorescência do PCM em ambiente micelar. As microviscosidades calculadas do PCM em ambiente micelar são apresentadas no Quadro 6.2. A observação corrobora os resultados da determinação da micropolaridade e das experiências de têmpera, como discutido acima.

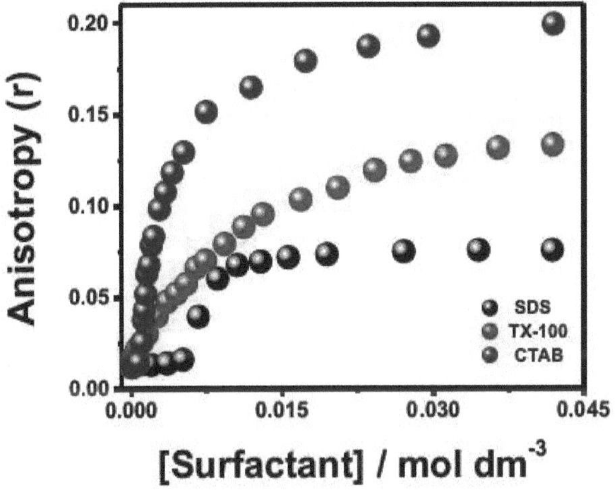

Figura 6.7. Anisotropia de estado estável do PCM em diferentes meios micelares.

7.2.6. Desintegração da fluorescência da sonda ligada a micelas

O tempo de decomposição da fluorescência do PCM foi determinado em solução aquosa e micelar de SDS, TX-100, CTAB, a fim de obter mais luz sobre o ambiente heterogéneo da molécula da sonda excitada dentro do meio micelar. Em solução aquosa observou-se um único decaimento exponencial enquanto que em meio micelar foram obtidas curvas biexponenciais. Isto leva ao facto de a sonda permanecer tanto na água como no ambiente micelar. Os valores de vida útil da PCM tanto em estado aquoso como totalmente micelizado são apresentados na Tabela 6.3 e seguem a ordem TX- 100 > SDS > CTAB, ou seja, a ordem inversa da sua polaridade e constante de ligação. Os perfis de decaimento em estado excitado de PCM em ambiente aquoso e micelar foram ilustrados na Figura 6.8. A elevada durabilidade no caso do TX-100 e a medição da polaridade leva a uma sugestão lógica de que a sonda se liga com a camada espessa da paliçada. A duração média da fluorescência de uma sonda ligada a uma micela não se altera em presença de supressor. Isto indica que a têmpera estática ocorreu no caso de PCM em meios micelares na presença de supressor de iodeto.

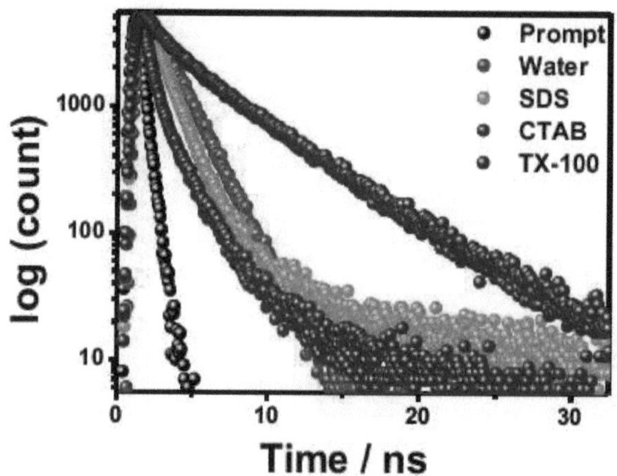

Figura 6.8. Curvas típicas de decaimento de fluorescência de PCM associadas ao perfil da lâmpada em ambientes de água, SDS, CTAB e TX-100 micelar, respectivamente; X_{ex} = 295 nm.

Quadro 6.3. Parâmetros de decaimento da fluorescência do PCM num meio aquoso e micelar.

Ambiente	ai	T1 (ns)	a2	T2 (ns)	T_{avg} (ns)	X^2
Água	1.00	1.67	-	-	1.67	1.01
SDS	0.99	1.32	0.01	9.41	1.41	1.14
CTAB	0.87	0.60	0.13	2.32	0.83	1.35
TX-100	0.46	1.82	0.54	5.72	3.91	1.14

8.2.7. Decadência da anisotropia por fluorescência resolvida no tempo

A decomposição temporal resolvida da anisotropia de fluorescência proporciona conhecimentos significativos sobre o dinamismo rotacional e o relaxamento rotacional do fluoróforo em montagens organizadas. Para racionalizar como a dinâmica de relaxamento rotacional desta sonda é afectada quando passamos da fase aquosa a granel para os ambientes micelares, foram medidas as decomposições da anisotropia de fluorescência do PCM na água e na presença de meios micelares iónicos e não iónicos. Os decaimentos da anisotropia de fluorescência da PCM na água e em vários microambientes foram apresentados na Figura 6.9 e os respectivos parâmetros de decaimento são recolhidos na Tabela 6.4. As decomposições da anisotropia em todos os ambientes ensaiados apresentam padrões de decomposição exponenciais bastante únicos. A forma funcional de decaimento da anisotropia r(t) (exponencial único) é dada pela seguinte equação

$$r(t) = r_0 \exp\left(\frac{-t}{\tau_r}\right) \qquad (6.4)$$

onde τ_r é o tempo de reorientação e r_0 é a anisotropia limitadora que depende da despolarização inerente do fluoróforo. Como reflectido na Tabela 6.4 e na Figura 6.9, é óbvio que o PCM mostra um tempo de relaxamento rotacional sensivelmente mais longo em micelas do que em água pura. Isto invoca o facto de que o PCM experimenta ambientes com restrições de movimento impostas pelas micelas.

Num conjunto micelar, o relaxamento da anisotropia de um fluoróforo pode proporcionar as seguintes possibilidades, tais como (a) as moléculas da sonda rodam dentro das micelas, (b) a sonda presa não roda mas as micelas que contêm a sonda rodam e (c) tanto a rotação da sonda como as micelas são possíveis. A primeira e a segunda opção devem resultar em padrões de decaimento exponenciais únicos, enquanto que a terceira deve conduzir ao decaimento da anisotropia biexponencial. A anisotropia exponencial única observada decompõe-se em fluorescência PCM tanto na fase aquosa como na fase micelar aquosa, excluindo assim a terceira opção. Os tempos de relaxação rotacional das micelas (τ_M) podem ser calculados usando a equação de Stokes-Einstein-Debye (SED).

$$\tau_M = \frac{4\pi\eta r_h^3}{3kT} \qquad (6.5)$$

onde n é a viscosidade do meio (em poise), r_h é o raio hidrodinâmico da micela, k e T são a temperatura constante e absoluta de Boltzmann, respectivamente, e os valores correspondentes são recolhidos na Tabela 6.4. Estes dados revelam que os tempos de relaxação rotacional das micelas são notavelmente mais elevados do que a correspondentes tempos de despolarização da fluorescência no microambiente. Corrobora ainda que o relaxamento da anisotropia da fluorescência resulta da rotação apenas do fluoróforo e não das micelas. Os valores τ_r seguem a ordem CTAB > TX-100 > SDS.

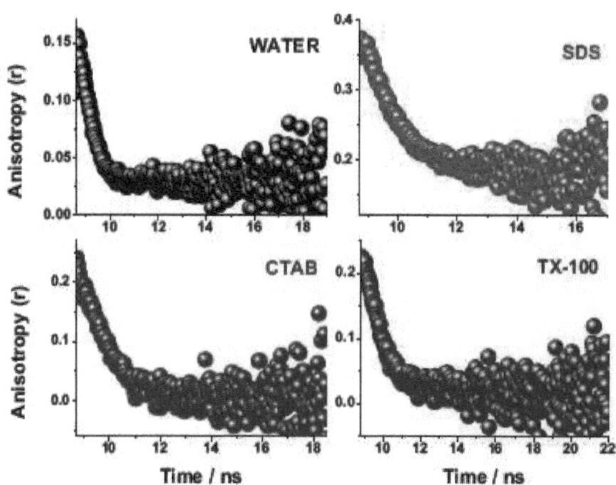

Figura 6.9. Perfis de decaimento de anisotropia fluorescente de PCM em água e diferentes meios Micellar. O pulso laser de excitação é mantido a 330 nm.

Quadro 6.4. Parâmetros de decaimento da anisotropia recuperados da PCM em micelas, raios hidrodinâmicos, e tempos de reorientação rotacional da micela (escala de tempo rotacional da PCM em água 532 ps).

Ambiente Micellar	$<\tau_r>$ (ns)	x^2	r_h (A)	τ_M (ns)[f]
SDS (38 mM)	1.14	1.05	20.7	8.3
CTAB (4 mM)	1.31	1.26	25.7	15.4
TX-100 (19 mM)	1.18	1.12	43.0	72.0

f Valores retirados da Ref.

6.3. Resumo

A presente investigação relata o estudo das interacções de um fluoróforo bioactivo recentemente sintetizado, sensível à polaridade, nos microambientes micelares. O comportamento fotofísico do PCM é dramaticamente modificado em micelas a partir do da fase aquosa a granel. Isto tem sido explorado para determinar a natureza do microambiente em torno da sonda, e finalmente a micropolaridade, bem como a microviscosidade no local de ligação. O estudo apontou, ao contrário do esperado têmpera, uma melhoria sem precedentes e notável é observada na fluorescência do PCM, com a adição de ião iodeto em meio micelar catiónico de brometo de cetílico trimetilamónio. O têmpera da fluorescência da sonda em micela-solubilizado iónico por íons contrários foi examinado do ponto de vista da troca iónica na superfície da micela-solubilizado. O estudo de anisotropia revela a restrição das

98

propriedades dinâmicas do fluoróforo imposta pelo meio micelar, que é diferente em micelas diferentes. Esta sondagem espectroscópica de interface organizada tem como objectivo aproveitar como modelo a compreensão da internalização celular da molécula bioactiva do medicamento, o que tem fortes implicações em aspectos tais como os fenómenos de entrega de medicamentos, solubilização e transporte no sistema vivo.

■ Referências

[1] J. Du, M. Hu, J. Fan, X. Peng, *Chem. Soc. Rev.* 41 (2012) 4511.

[2] A. Lacy, R. O'Kennedy, *Moeda. Pharm. Des.* 10 (2004) 3797.

[3] S.G. Kini, S. Choudhary, M. Mubeen, *J. Comput. Métodos Mol. Des.* 2 (2012) 51.

[4] S. Sardari, Y. Mori, K. Horita, R. G. Micetich, S. Nishibe, M. Daneshtalab, *Bioorg. Med. Chem.* 7 (1999) 1933.

[5] K.A. Kozyra, J.R. Heldt, H.A. Diehl, J. Heldt, *J. Photochem. Photobiol. A: Chem.* 152 (2002) 199.

[6] M.S.A. Abdel-Mottaleb, M.S. Antonious, M.M. Abo-Aly, L.F.M. Ismaiel, B.A. El- Sayed, A.M.K. Sherief, *J. Photochem. Photobiol. A: Chem.* 50 (1989) 259.

[7] M. Engelke, T. Behmann, F. Ojeda, H.A. Diehl, *Chem. Phys. Lipids 72* (1994) 35.

[8] R.D.H. Murray, J. Mendez, S.A. Brown, *The natural coumarins: occurrence, Chemistry and Biochemistry*, Wiley & Sons, New York, 1982.

[9] J.H. Fentem, J.R. Fry, *Comp. Biochem. Physiol.* 104C (1993) 1.

[10] S. Weigt, N. Huebler, R. Strecker, T. Braunbeck, T.H. Broschard, *Reproductive Toxicol.* 33 (2012) 133.

[11] A.A. Esenpinara, M. Durmus, M. Bulut, *J. Photochem. Photobiol. A: Chem.* 213 (2010) 171.

[12] F.F. Ye, J.R. Gao, W.J. Sheng, J.H. Jia, *Dyes Pigm.* 77 (2008) 556.

[13] K. Sivakumar, F. Xie, B.M. Cash, S. Long, H.N. Barnhill, Q. Wang, *Org. Lett.* 6 (2004) 4603.

[14] Z. Zhou, C.J. Fahrni, *J. Am. Chem. Soc.* 126 (2004) 8862.

[15] M.M. Blum, C.M. Timperley, G.R. Williams, H. Thiermann, F. Worek, *Biochemistry* 47 (2008) 5216.

[16] V. Rammurthy (Ed.), Photochemistry in Organised and Constrained Media, VCH, Nova Iorque, 1991.

[17] S. Dhar, D.K. Rana, S.C. Bhattacharya, *Colóides e Superfícies A: Physicochem. Eng. Aspectos* 402 (2012) 117.

[18] P. Das, A. Chakrabarty, A. Mallick, N. Chattopadhyay, *J. Phys. Chem. B* 111 (2007) 11169.

[19] H. Maeda, T. Sawa, T. Konno, *J. Controlled Release* 74 (2001) 47.

[20] C. Tanford, *O efeito hidrofóbico: Formação de micelas e biológican membranas*; Wiley: Nova Iorque, 1973.

[21] R. Thakur, A. Das, A. Chakraborty, *Chem. Phys. Lett.* 563 (2013) 37.

[22] M.H.M. Leung, H. Colangelo, T.W. Kee, *Langmuir* 24 (2008) 5672.

[23] S. Bisht, G. Feldmann, S. Soni, R. Ravi, C. Karikar, A. Maitra, A. Maitra, *J. Nanobiotechnol.* 5 (2007) 3.

[24] N.J. Turro, A. Yekta, *J. Am. Chem. Soc.* 100 (1978) 5951.

[25] G. Saroja, B. Ramachandram, S. Saha, A. Samanta, *J. Phys. Chem. B* 103 (1999) 2906.

[26] H.D. Burrow, S.J. Formosinhao, M.F.J. R. Paiva, E.J. Rasburn, J.C.S. Faraday II 76 (1980) 685.

[27] L.B. Sagle, Y. Zhang, V.A. Litosh, X. Chen, Y. Cho, P.S. Cremer, *J. Am. Chem Soc.* 131 (2009) 9304.

[28] R. Breslow, T. Guo, *Proc. Natl. Acad. Sci. USA* 87 (1990) 167.

[29] P. Christianziana, F. Lelj, P. Amodeo, G. Barone, V. Barone, *J. Chem. Soc. Faraday Trans. I* 85 (1989) 621.

[30] C. Reichardt, *Solvents and Solvent Effects in Organic Chemistry*, segunda ed., VCH, Weinheim, 1988.

[31] X. Wang, J. Wang, Y. Wang, H. Yan, *Langmuir* 20 (2004) 53.

[32] J.R. Lakowicz, *Principles of fluorescence spectroscopy*, Third ed., Springer, New York, 2006.

[33] N.E. Levinger, *Science 298* (2002) 1722.

[34] N.C. Maiti, M.M.G. Krishna, J. Britto, N. Periasamy, *J. Phys. Chem. B* 101 (1997) 11051.

CAPÍTULO 7

DUPLA LIGAÇÃO INTRAMOLECULAR DE HIDROGÉNIO COMO INTERRUPTOR PARA INDUZIR O SOLO E O ESTADO EXCITADO TRANSFERÊNCIA INTRAMOLECULAR DE PRÓTONS DUPLOS EM DOXORUBICINA: UM ESTUDO DE DEPENDÊNCIA DO COMPRIMENTO DE ONDA DE EXCITAÇÃO

7.1. Introdução: Perspectiva do Trabalho

A investigação fundamental e a aplicação de moléculas orgânicas que exibem transferência intramolecular de protões em estado excitado (ESIPT) é de interesse significativo devido à ubiquidade deste processo numa grande variedade de processos biológicos e fotoquímicos. As características ácido-base de muitas moléculas são significativamente moduladas na excitação electrónica, e diferentes vias de reacções de transferência de prótons em estado excitado têm sido encontradas na literatura. Alguns a mencionar são a transferência intramolecular de protões através de grupos vicinais ligados ao H, a transferência distal de protões por relé de protões envolvendo pontes ligadas ao H em solvente, a transferência biprotónica concertada dentro de um dímero duplamente ligado ao H, a transferência acoplada de protões e electrões, ou a transferência intermolecular dupla de protões com moléculas em solvente.

Nos últimos anos, o fenómeno ESIPT tem sido objecto de investigação muito activa, especialmente devido à sua vasta gama de implicações em dispositivos de armazenamento de energia/ dados e comutação óptica, filtros Raman e contadores de cintilação dura, fotoestabilizadores de polímeros, e trigémeos. Outras aplicações centram-se em materiais electroluminescentes com estabilidade fotoquímica, resistência à degradação térmica e baixa absorção própria e materiais de díodos emissores de luz. Tem sido sugerido que os ESIPT têm o potencial para compreender as propriedades de ligação das proteínas, bem como as sondas ópticas para biomoléculas. Mas a transferência intramolecular de duplo próton excitado (ESIDPT), que pode ser utilizada para sistematizar e controlar as propriedades emissivas do fármaco, é rara na literatura. A doxorubicina (*Esquema 3.3* no capítulo 3) devido à sua simetria de dois centros de ligação de hidrogénio foi observada para ser submetida ao processo ESIDPT.

O estudo fotofísico da Doxorubicina (DOX) em diferentes solventes tem a sua origem principalmente em dois aspectos. O primeiro surge das suas novas aplicações biológicas em produtos farmacêuticos e o segundo, devido à presença de dadores e aceitadores de electrões na meada. DOX é um membro do grupo de antibióticos anthracycline. É conhecido por mostrar actividade quimioterapêutica, intercalando entre pares de bases de ADN adjacentes e prevenindo a replicação, causando alterações conformacionais na molécula de ADN. O medicamento é tetraciclico, contendo três anéis hidroxi-anthraquinónicos planos e aromáticos que compõem o seu cromóforo, e um anel não planar e não aromático ligado a uma cadeia lateral aminoglicosídica. Devido à presença de vários grupos funcionais, a doxorubicina pode assumir várias formas prototropicais a diferentes pH.

Recentemente, DOX e os seus derivados chamaram a atenção renovada como novas tecnologias de entrega de medicamentos devido à sua capacidade de melhorar in vitro a resposta de várias linhas celulares resistentes ao medicamento transportado. O medicamento é amplamente utilizado em quimioterapia, por exemplo, para o tratamento do sarcoma de Kaposi, carcinoma ovariano, ou cancro da mama. Muitos medicamentos anticancerígenos são intrinsecamente fluorescentes, tais como a doxorubicina, o que os torna convenientes para sondagem e visualização com várias tecnologias de imagem microscópicas.

Para caracterizar como a droga é transportada até ao seu alvo, é útil estabelecer uma relação entre o ambiente e as propriedades fotofísicas do DOX. Isto permitirá monitorizar a absorção de DOX por um determinado transportador e a sua libertação do transportador para um local alvo através da monitorização da alteração dos espectros de absorção e emissão, uma vez que DOX migra do microambiente do transportador para o do local alvo. Infelizmente, apenas alguns poucos estudos dispersos relataram as propriedades fotofísicas de DOX e dos seus derivados. Alguns estudos centraram-se na ligação de DOX ao ADN, outros monitorizaram a fluorescência de DOX no interior de células cultivadas. Estes estudos proporcionaram uma compreensão limitada das propriedades fotofísicas de DOX. A absorção de UV e a emissão de fluorescência de DOX foram consideradas altamente dependentes do pH da solução. DOX apresenta um máximo de fluorescência a 593 nm em solução aquosa (excitação a 480 nm) mas um máximo de emissão a 577 nm em etanol (excitação a 480 nm). Esta mudança espectral dramática é atribuída às diferentes estruturas adoptadas por DOX em diferentes solventes. A observação da forma neutra de DOX em etanol e a sua forma protonada numa forma mais

O solvente polar (água) sugere que se pode utilizar os efeitos solvatocrómicos exibidos pelo DOX para determinar o seu ambiente local, um poderoso instrumento de investigação para descrever a polaridade de um meio em que a droga está localizada. Espera-se que tal resultado tenha aplicação imediata para caracterizar o mecanismo de transferência de DOX num determinado sistema de distribuição.

Neste trabalho, investigámos pela primeira vez um interessante fenómeno de dupla fluorescência dependente de excitação de um medicamento anticancerígeno Doxorubicina em diferentes solventes próticos e aproxícuos e solução tampão de pH diferente. Esta molécula apresenta uma única fluorescência (banda A), dupla fluorescência (bandas A e B) uma vez que o comprimento de onda de excitação varia de 480 nm (em torno da primeira banda de absorção) a 346 nm (em torno da segunda banda de absorção). Ambas as bandas de fluorescência mostram mudanças de solvatocromia apreciáveis com uma polaridade crescente do solvente. Finalmente, o mecanismo da invulgar dupla fluorescência dependente de excitação de DOX foi discutido com base nas investigações experimentais e teóricas.

7.2. Resultados e Discussão

7.2.1. Absorção e emissão assistidas por solventes

Os espectros de absorção e emissão do DOX investigado foram registados em vários solventes de diferentes polaridades e capacidade de doação de prótons à temperatura ambiente. A Figura 7.1 mostra os espectros de absorção em diferentes solventes não polares e polares, enquanto os dados espectrais correspondentes em diferentes solventes estão resumidos na Tabela 7.1.

DOX exibe duas bandas de absorção, uma banda forte com cerca de 480 nm de comprimento de onda, e outra banda fraca com cerca de 346 nm de comprimento de onda. O valor x_{maxabs} das bandas de absorção forte varia de 475 nm a 480 nm em curso, de ACN a EG. Esta banda de absorção pode ser devida à transição de transferência de carga e os diferentes parâmetros fotofísicos indicam que o espectro de absorção de DOX depende da polaridade do meio. Portanto, é razoável supor que as duas bandas de absorção (cerca de 346 nm e 480 nm, respectivamente) possam ser devidas aos dois tautómeros de DOX.

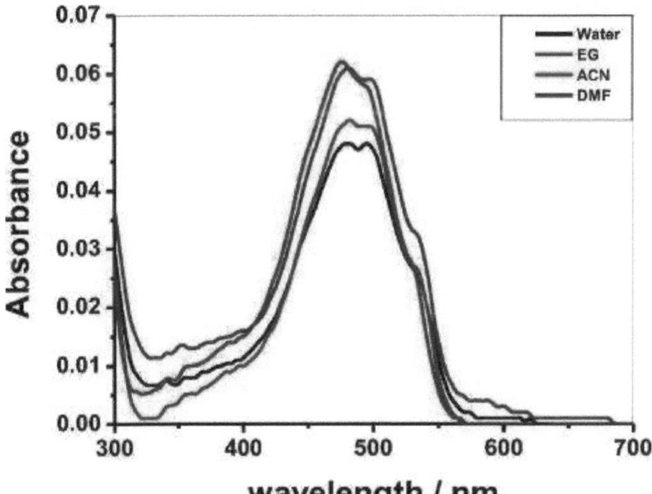

Figura 7.1. Espectros de absorção de DOX em alguns solventes; [DOX] = 5,66 x10⁴ mol dm⁻³ .

Quadro 7.1: Parâmetros espectroscópicos de DOX em diferentes solventes

Solvente	Absorção		Fluorescência		$E_T(30)$ (kcal mol $)^{-1}$	Δv (cm $)^{-1}$
	λ_{max} (nm)	E_{max} (dm³ mol⁻¹ cm $)^{-1}$	(nm)	X? (nm)		
H2O	479	9001	594	421	63.1	4042
EG	481	9178	584	422	56.3	3667
MeOH	476	11119	578	422	55.5	3707
EtOH	480	11295	577	422	51.9	3502
GRUPO ACN	475	10942	579	414	46.0	3781
DMF	480	10766	582	426	43.9	3651
THF	481	11472	578	431	37.4	3489
DX	480	10413	580	422	36.3	3592

* A representa cis-enol-A e B representa cis-enol-B

DOX exibe uma interessante fluorescência dupla dependente de excitação em diferentes soluções. Se a excitação variar de 420 nm a 550 nm, DOX mostrará uma única fluorescência (referida como "banda A") em todos os solventes (Figura 7.2, a). O espectro mostra uma estrutura vibracional, sugerindo um carácter parcialmente local de excitação do estado excitado. A fluorescência máxima é grandemente afectada pela polaridade do solvente, onde se observa uma fluorescência muito deslocada no vermelho ao aumentar a polaridade do solvente. Como o fenómeno mais característico da transferência de carga (CT) do estado excitado é o deslocamento bathochromic com aumento da polaridade do solvente, este resultado indica o carácter de CT da banda A. Contudo, se o comprimento de onda de excitação for inferior a 420 nm, DOX exibirá dupla fluorescência em todos os solventes (Figura 7.2, b). Além da banda A, uma nova banda (banda B) emerge no lado do comprimento de onda curto. Esta nova banda mostra um ligeiro desvio azul com polaridade crescente dos solventes, mas não tão proeminente como a banda A.

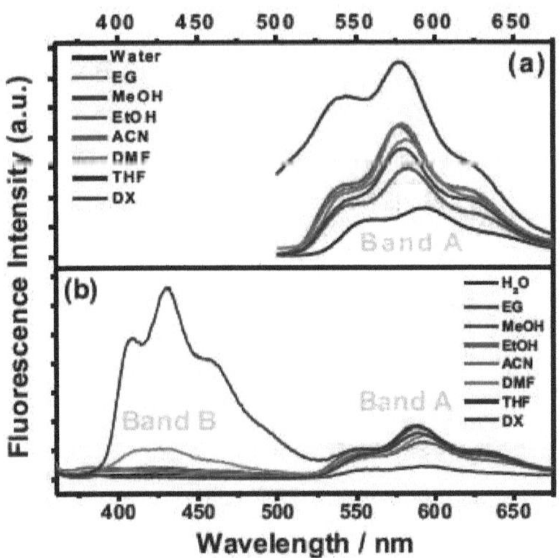

Figura 7.2.Espectros de emissão de DOX em diferentes solventes; (a): excitado a 480 nm; (b): excitado a 346 nm.

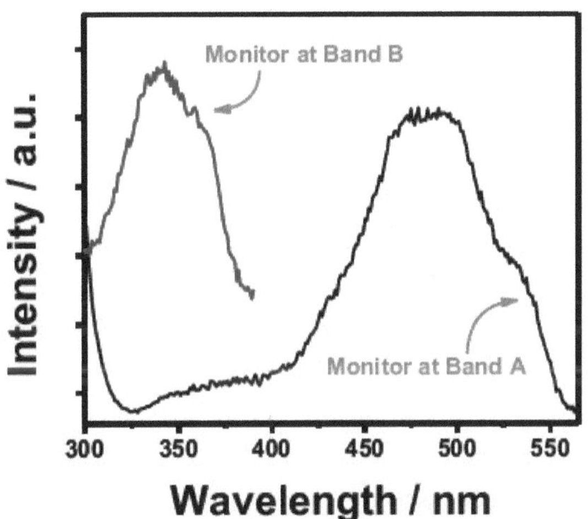

Figura 7.3. Espectros de excitação de DOX em água monitorizada em diferentes bandas de emissão; [DOX] = 5,6 x10⁻⁴ mol dm⁻³ .

Como os espectros de fluorescência dependem do comprimento de onda de excitação, é importante investigar os espectros de excitação de ambas as bandas de emissão. A Figura 7.3 mostra os espectros de excitação de DOX monitorizados em ambas as bandas de fluorescência. Como pode ser visto na Figura 7.3, os espectros de excitação monitorizados em ambas as bandas de emissão são bastante diferentes um do outro, indicando espécies diferentes no estado do solo. O monitorizado na banda A é muito semelhante ao seu espectro de absorção. No entanto, o espectro de excitação monitorizado na banda B é bastante diferente do espectro de absorção na região acima de 346 nm. É relatado na literatura que os espectros de absorção e de excitação não correspondem entre si se houver mais espécies no estado do solo, ou se a única espécie presente tiver formas diferentes no estado do solo (agregados, complexos, formas tautoméricas, etc.).

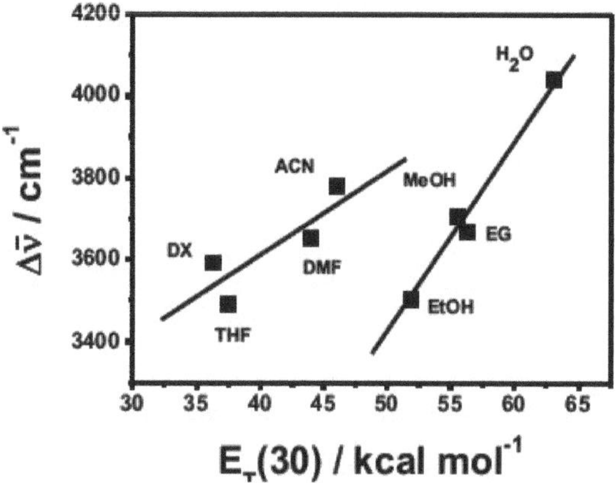

Figura 7.4. Variação do deslocamento de Stokes em função da polaridade do solvente

No entanto, a fim de se ter uma ideia clara da banda A, o deslocamento do máximo de fluorescência induzido por solvente foi observado a partir da variação da energia fluorescente E(F) com ET(30) e o correspondente deslocamento de Stokes com ET(30) foi mostrado na Figura 7.4, onde uma correlação linear dupla é encontrada. Os solventes polares próticos caem numa linha separada (com um declive mais elevado) indicando que o modo de solvência do estado emissor é diferente do dos solventes polares próticos. Isto deve-se provavelmente a interacções de ligação de hidrogénio. De facto, as correlações são muito mais fortes e os seus declives reflectem a elevada sensibilidade de E(F) à polaridade do solvente. A maior sensibilidade do solvente E(F) em relação à energia de absorção E(A) pode ser atribuída ao aumento das interacções soluto-solvente no estado excitado, devido a um aumento do momento dipolo da sonda após excitação.

7.2.2. Equilíbrio do estado do solo

Em geral, o DOX pode existir em três formas tautoméricas em solução: keto e dois cisenol. Entre estes tautómeros, as formas cis-enol são consideradas como as fotoquímicas estáveis porque são estabilizadas pela ligação intramolecular de hidrogénio e pelo sistema conjugado. Estudos teóricos demonstraram que as energias da forma keto são muito mais elevadas do que os seus isómeros cis-enol. Por conseguinte, só podem ser observadas experimentalmente a temperaturas muito baixas. Como todas as nossas experiências foram realizadas à temperatura ambiente, é razoável considerar a existência de duas formas de cis-enol.

106

Na realidade, existem duas estruturas possíveis de cis-enol em forma de DOX, como se mostra no *Esquema 7.1*. No cis-enol-A (correspondente à banda de emissão A), a ligação intramolecular de hidrogénio é O5- H6-O1 enquanto que no cis-enol-B (correspondente à banda de emissão B), é O1 H6 O5. Estes dois isómeros em forma de cis-enol são convertidos um no outro através de um estado de transição (TS). Calculámos as energias relativas dos dois isómeros tautómeros e o estado de transição com o método B3LYP/6-31G**. Os resultados mostraram que o cis-enol-B (forma relaxada) está apenas 3,0 kJ mol^{-1} acima do cis-enol-A (forma relaxada). Esta diferença de energia entre os dois tautómeros é tão pequena que eles deveriam poder existir em solução simultaneamente.

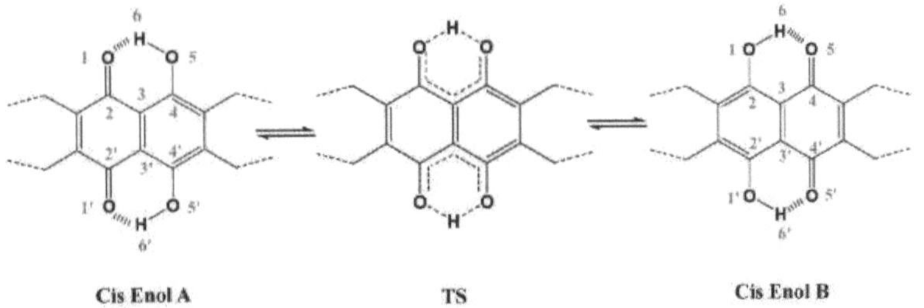

Cis Enol A   TS   Cis Enol B

Esquema 7.1. O equilíbrio entre as duas formas cis-enol de DOX.

7.2.3. Equilíbrio de estado excitado

É importante mencionar aqui que se o vector de momento dipolo em estado excitado for rodado dentro do quadro molecular relativo ao vector de momento dipolo em estado moído, um grande relaxamento dipolar de solvente poderia também ser observável. Isto poderia ocorrer tanto para a fluorescência normal como para a fluorescência de transferência de prótons. A molécula do medicamento, devido à delicada origem da sua fluorescência de transferência de prótons, ofereceria a oportunidade de separar o relaxamento dipolar (prótico) da fluorescência de transferência de prótons catalisada. A fim de confirmar as espécies de transferência de prótons em estado excitado, observamos o efeito dos espectros de dupla fluorescência de DOX na mistura de água metanol de composição diferente e os espectros são mostrados na Figura 7.5. Como a percentagem de água na mistura de água com metanol é aumentada continuamente, a intensidade relativa da banda B vai ao máximo enquanto que, a intensidade da banda A diminui gradualmente com um ponto isoemissivo a 512 nm. A partir deste resultado experimental, pode-se suspeitar que a ligação intramolecular H de DOX na água é retardada pela adição sucessiva de metanol na solução e o processo ESIDPT fica embaraçado. À medida que mais água é adicionada, o processo ESIDPT torna-se facilitado e emite fluorescência na região de 421 nm, diminuindo a intensidade da banda A. É interessante que a adição de água (acima de 60%) à solução de metanol de DOX mostra também uma diminuição da intensidade da banda energética de 421 nm. Este comportamento duplo da droga nas misturas de água-metanol sugere que a droga exibe dois tipos de fenómenos acima e abaixo de uma certa percentagem de água. Uma possível razão para a diminuição da banda B poderia ser a formação de ligação intermolecular H entre a água e a molécula da droga com quantidade suficiente de água, competindo com a ligação intramolecular H- e o processo ESIDPT tornar-se dificultado. Zhao e Han demonstraram maravilhosamente, a ligação intermolecular de hidrogénio enfraquecendo e fortalecendo o comportamento em solvente protético polar em estado excitado electronicamente para cromóforos carbonilo. É geralmente aceite que a ligação intramolecular H que fecha o anel de seis membros não pode ser facilmente perturbada por solventes protéticos e, portanto, é necessária uma quantidade suficiente de água para a sua competição. Isto implica que o processo ESIDPT só se torna favorecido depois de se atingir uma certa polaridade do meio. Para o aminopireno protonado, Pines e Fleming também relataram observações semelhantes, em que numa mistura de água-álcool a taxa de desprotonização aumenta efectivamente com a concentração de álcool até cerca de 65-70% e em concentrações de álcool mais elevadas o processo de desprotonização é retardado. A variação do processo ESIDPT com polaridade do meio foi representada na Figura 7.6, onde a intensidade do cis-enol-B foi traçada em relação à percentagem de metanol. O ponto de quebra na parcela é o valor limiar de polaridade após o qual o processo ESIDPT em DOX é retardado.

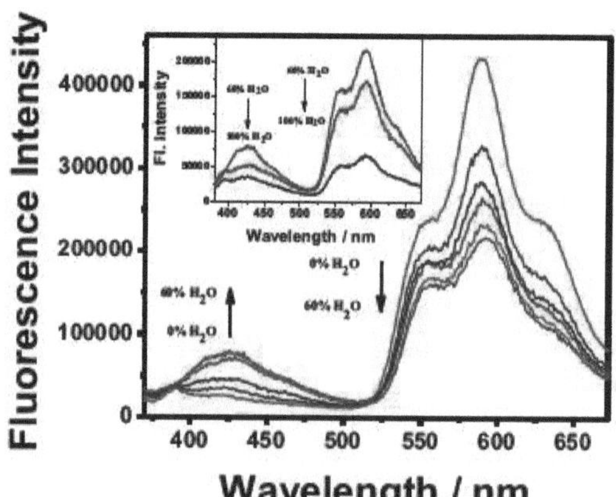

Figura 7.5. Espectros de emissão de DOX em MeOH em função da concentração de água: (i) 0%, (ii) 10%, (iii) 20%, (iv) 40%, (v) 50%, (vi) 60% água; Inset: (vii) 60%, (viii) 80%, (ix) 100% água. Z_{exc} =346 nm.

Em solventes básicos como o THF a banda de emissão B mostra-se estruturada e 10 vezes mais intensa do que a formada em outros solventes. O aumento dramático da intensidade de fluorescência observado no THF não pode ser apenas devido à polaridade do solvente, mas sim devido a interacções específicas. No estado excitado, os solventes polares aprox. formam uma gaiola de solventes à volta do grupo carbonilo. Como consequência, uma grande estabilização da ligação intramolecular H que favorece o processo de transferência de prótons. Isto é considerável como consequência de uma maior estabilização do cis enol-B em estado excitado, em comparação com o cis enol-A. Em DMF também o DOX experimenta tal estabilização, mas com menos extensão devido à natureza menos básica do DMF do que o THF.

Com base nos resultados e discussões apresentados acima, foi ilustrado um possível mecanismo (*Esquema 7.2*) da dupla fluorescência dependente de excitação de DOX. Em estado de solo, os dois tautómeros estão próximos em energia e podem existir em solução simultaneamente. A reacção de transferência intramolecular de protões em estado de solo controlava o equilíbrio entre os dois tautómeros e modulava ainda mais a direcção de separação da carga durante a excitação. Como o momento dipolo em estado excitado do cisenol-A é maior que o do cis-enol-B, a energia em estado excitado do primeiro deve ser inferior à do segundo devido à estabilização do solvente. Assim, a excitação de baixa energia só pode gerar cis-enol-A*. Neste caso, ESIDPT não aconteceria porque é necessária energia extra para ultrapassar a barreira energética do cis-enol-A* ao cis-enol-B*. Como resultado, apenas uma única fluorescência correspondente ao cis-enol-A* é observada. Se a energia de excitação exceder um determinado valor limiar, ambos os tautómeros podem ser promovidos aos seus estados de excitação correspondentes; além disso, há energia extra suficiente para os dois tautómeros se transformarem um no outro através do ESIDPT. A dupla fluorescência aparece quando ambas as espécies relaxam para os seus correspondentes estados de excitação. Durante o período após a excitação e antes da emissão, o ESIDPT controlou efectivamente a direcção de recombinação da carga. À medida que a polaridade do solvente aumenta, o cis-enol-A* será estabilizado pela solvência de forma mais proeminente do que o cis-enol-B* devido ao seu maior momento dipolo. Como resultado, o equilíbrio passará para o lado cis-enol-A* e a banda A tornar-se-á dominante.

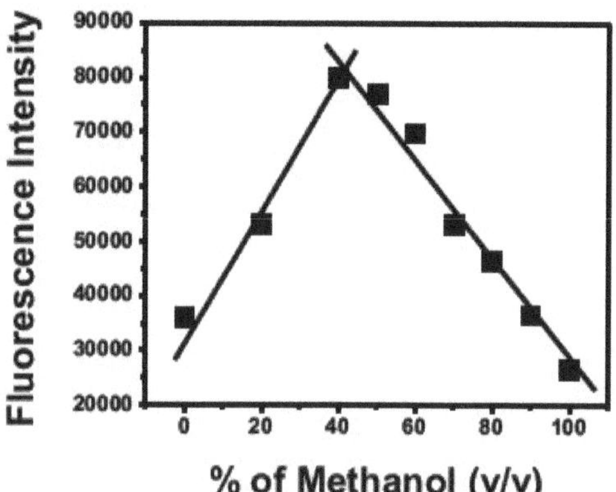

Figura 7.6. Lote de intensidade de emissão de DOX a 421 nm (cis-enol-B) contra percentagem de metanol.

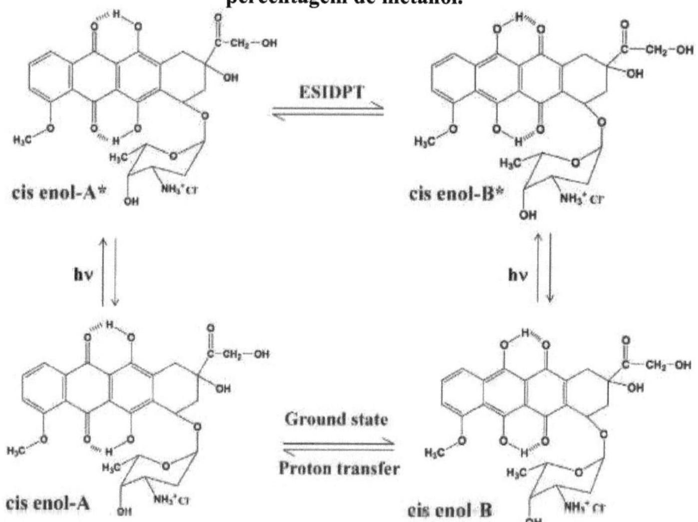

Esquema 7.2. Modelo de transformações prototrópicas de DOX em diferentes solventes, em estado moído e excitado

7.2.4. Rendimentos quânticos de fluorescência e estudo de tempo resolvido

A vida útil da fluorescência serve como um indicador sensível do ambiente local em que um determinado fluoróforo é colocado. As medições baseadas no tempo de vida são ricas em informação e proporcionam uma visão única dos sistemas sob investigação.

Para investigar o efeito da solvação na dinâmica do estado excitado o radiativo [k_r = Of/ τf] e o não-radiativo [k_{nr} = (1 - of) / m_f] foram calculados usando rendimentos quânticos de fluorescência (of) e tempos de vida $(m_f$) de DOX em duas bandas de energia diferentes. Os valores de of, m_f , k_r , e k_{nr} em diferentes solventes são apresentados no Quadro 7.2. Parece que as constantes da taxa radiativa são praticamente insensíveis a uma alteração na solvatação, excepto THF que pode ser devido a um aumento da basicidade. A constante de taxa não-radiativa para DOX apresenta sensibilidade ao solvente com polaridade do meio. Uma inspeção da Tabela 7.2 mostra que os rendimentos quânticos de fluorescência e os tempos de vida útil mostram uma variação relativamente grande com a polaridade do solvente.

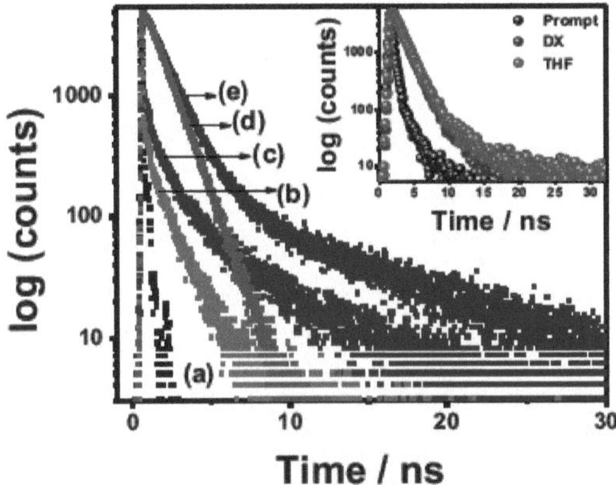

Figura 7.7. Curvas típicas de decaimento da fluorescência de DOX em alguns solventes, (a) função de resposta do instrumento, (b) MeOH, (c) EG, (d) THF, (e) DMF. O comprimento de onda de excitação é mantido a 375 nm. Inset: Curvas típicas de decaimento de fluorescência de DOX associadas ao perfil da lâmpada em alguns solventes, o comprimento de onda de excitação é mantido a 403 nm.

Quadro 7.2: Rendimentos quânticos relativos, tempos de vida e a constante de taxa de DOX em diferentes solventes

Solvente	TavA (ns)	TavB (ns)	OfA	Φf^B	kr (ns^{-1})	knr (ns)$^{-1}$	knr/kr
H2O	1.14	0.430	0.040	0.013	0.04	0.84	24.05
EG	1.53	0.790	0.076	0.073	0.05	0.60	12.09
MeOH	1.62	0.085	0.078	0.005	0.05	0.57	11.80
EtOH	1.73	0.090	0.089	0.030	0.05	0.53	10.21
GRUPO ACN	1.59	0.200	0.081	0.022	0.05	0.58	11.32
DMF	1.61	1.540	0.086	0.043	0.05	0.57	10.59
THF	1.63	1.180	0.161	0.274	0.10	0.51	5.21
DX	0.84	0.088	0.078	0.009	0.09	1.09	11.80

* A representa cis-enol-A e B representa cis-enol-B

O comportamento de decaimento da fluorescência de DOX foi estudado no solvente de diferentes polaridades. A Figura 7.7 mostra algumas curvas representativas da decadência da fluorescência de DOX em diferentes solventes. Os dados na Tabela indicam que a vida útil de DOX se enquadra em duas categorias. A maioria das curvas de decaimento pode ser bem equipada com um biexponencial com um valor x_2 próximo da unidade. As outras são equipadas com exponenciais únicos. Sem colocar ênfase na magnitude das constantes de decaimento individuais em tais decaimentos biexponenciais, desejamos utilizar o tempo de vida médio da fluorescência (Tabela 7.2) como parâmetro valioso para explorar a natureza da interacção. O ajuste biexponencial não indica necessariamente que a curva de decaimento tem apenas duas constantes de tempo discretas; pode implicar uma distribuição de constantes de tempo em torno de dois valores bem separados, pode-se especular que existem duas formas tautoméricas diferentes de DOX, resultantes da ligação intramolecular de hidrogénio. Para confirmar ainda mais se a emissão de DOX nos picos de 421 e 593 nm provém de duas espécies diferentes, foi realizada uma experiência de decaimento de fluorescência a 421 nm, para além de 593 nm. O tempo de decaimento de DOX a 593 nm foi de 1,1-1,6 ns e a 421 nm foi de 1,54-0,085 ns em diferentes solventes (Tabela 7.2). A vida útil do cis-enol-A é maior do que a do cis-enol-B que se combina com o facto de o cis-enol-A ser mais estável, e a estabilidade provém apenas da interacção de ligação de hidrogénio. A decomposição da fluorescência a 421 nm em DMF (1,54 ns) e solução de THF (1,18 ns) é um pouco diferente de outros solventes, o que se deve ao cis-enol-B ficar estabilizado nestes dois solventes. Estes resultados mostram claramente que a emissão de fluorescência a 421 e 593 nm provém de duas formas tautoméricas diferentes de DOX.

Em investigações posteriores, as experiências de decaimento por fluorescência foram também realizadas em diferentes composições de mistura água-metanol, tanto na banda de emissão como nos dados apresentados no Quadro 7.3. Até 60% de água na mistura, o tempo de decaimento do cis- enol-A diminuiu e o cis-enol-B aumentou e, acima de 60% de água, foi observada a diminuição do tempo de decaimento em ambos os tautómeros. Além disso, a decadência a 421 nm mostrou um tempo de decaimento, sugerindo que a formação da espécie e aquela emitida com um tempo de decaimento de 1,6 ns foi atrasada. Estes resultados apoiam claramente que a banda de emissão a 421 nm surge à custa da banda de emissão a 593 nm. Foi demonstrado um teor superior a 60% de água na interacção da mistura entre a ligação intramolecular e intermolecular H-. O mesmo resultado também foi obtido a partir de um estudo de emissão em estado estacionário. Da prova acima referida podemos concluir que o processo de transferência intramolecular de protões duplos é ainda mais modulado no estado excitado.

Quadro 7.3: Tempo de vida de DOX de cis-enol-A (A) e cis-enol-B (B) em diferentes composições de mistura de água e metanol

% de mistura de água em água -metanol	A T_{av} ZX (ns)	x^2	T_{av} (ns)	x^2
100%	1.14	1.22	0.43	1.21
80%	1.15	1.26	0.49	1.46
60%	1.16	1.24	0.79	1.39
50%	1.18	1.19	0.75	1.25
40%	1.24	1.12	0.67	1.46
30%	1.27	1.00	0.62	1.27

20%	1.29	1.02	0.58	1.13
0%	1.62	1.40	0.09	1.03

* A representa cis-enol-A e B representa cis-enol-B

7.2.5. Análise Kamlet-Taft

A fim de obter uma visão sobre os vários modos de solvência que determinam as energias de absorção e fluorescência, foi utilizada a abordagem de análise de regressão linear múltipla de Abraham et al. Foram encontradas correlações de E(A) e E(F) com o valor π^* de Taft, um índice da dipolaridade/polaridade do solvente e os valores α e β que representam a ligação de hidrogénio doando e aceitando a capacidade do solvente, respectivamente. Foram obtidas as seguintes equações de regressão para DOX

$$E(F) = 74.21 - 0.042\,\alpha + 0.167\,\beta - 1.848\,\pi^* \tag{7.1}$$

$$E(A) = 89.33 - 0.748\,\alpha + 0.196\,\beta - 0.522\,\pi^* \tag{7.2}$$

A partir dos valores E(A) e E(F), observa-se que as interacções dipolares (π^*) predominam nas propriedades de estado excitado. Os valores de intercepção indicam os valores E(F) e E(A) da droga num solvente puramente não-polar como o ciclohexano, onde não existe interacção específica. Os valores E(F) e E(A) observados do fármaco no ciclo-hexano estão muito próximos dos valores de intercepção.

O momento dipolo do fármaco foi determinado pelo método de comparação solvatocrómico, utilizando as equações de Lippert-Mataga:

$$E(A) + E(F) = \frac{(\mu_0^2 - \mu_1^2)\,[2(\varepsilon-1)]}{a^3(2\varepsilon+1)} + 2\Delta G(gas) + \Delta(sp) \tag{7.3}$$

and

$$E(A) - E(F) = \left[\frac{(\mu_1 - \mu_0)^2}{a^3}\right]\left[\frac{2(\varepsilon-1)}{(2\varepsilon+1)} - \frac{2(n^2-1)}{(2n^2+1)}\right] \tag{7.4}$$

onde, ε e n são as constantes dieléctricas e os índices de refracção dos solventes, respectivamente. ΔG (gás) é o valor de ΔG na fase de gás e 'a' é o raio da cavidade Onsager da droga. Estas equações são válidas para os solventes aprox. onde estão ausentes interacções específicas (Δsp). [E(A) + E(F)] e [E(A)-E(F)] foram plotados contra funções dieléctricas apropriadas e a relação do momento dipolo no estado s_1 (pi) para o estado s_0 (μ_1) foi obtida a partir da relação das inclinações das duas parcelas. Dos cálculos químicos quânticos pelos métodos DFT ao nível B3LYP/6-31G** envolvendo a optimização completa da geometria do estado do solo de DOX, o momento dipolo do estado do solo (μ_0) obtido é 7,10 D. Utilizando o valor μ_0 do cálculo DFT; o valor (μ_1) obtido a partir da relação de declive é 10,78 D que está muito próximo do valor calculado pelo método TD-DFT em estado excitado.

7.2.6.   Equilíbrio prototrópico e dupla absorção e emissão de DOX dependente de pH

Os espectros de absorção de DOX sofrem alterações drásticas ao aumentar o pH. As características básicas de absorção e emissão de DOX em soluções tampão com diferentes valores de pH (de 2 a 13) estão representadas na Figura 7.8. As variações espectrais indicam a possibilidade de utilização de ambos -OH fenólico para a detecção do pH, quer por absorção, quer por fluorescência. Como se observa na Figura 7.8, a intensidade de ambas as bandas de absorção e emissão de comprimento de onda longo é diminuída com o aumento do pH. O aumento do pH leva ao desaparecimento da banda de absorção a 480 nm, juntamente com a formação de uma nova banda a 550 nm, que pode ser atribuída à forma desprotonada. O ponto isosbestic a 512 nm para DOX indica um equilíbrio ácido-base no estado do solo envolvendo duas espécies. É pertinente mencionar aqui que com o aumento do pH o pico correspondente à banda de 346 nm sofre um deslocamento azul com ligeiro aumento de intensidade. A partir do ponto de inflexão das curvas espectrofotométricas de titulação (inseto de

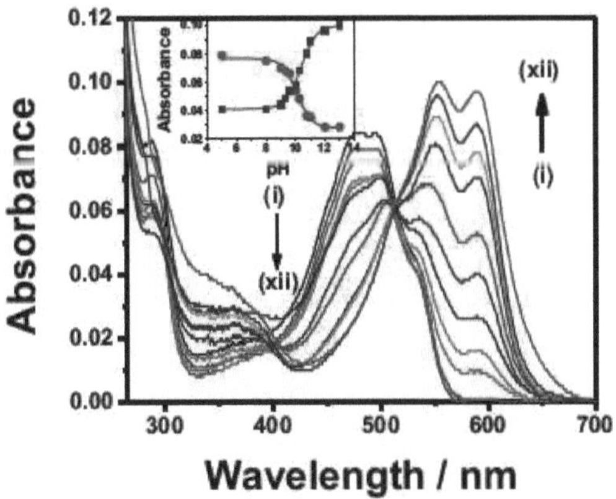

Figure 7.8. Absorption spectra of DOX in buffer solution as a function of pH. Curves (i) to (xii) correspond to pH 2.0, 5.0, 8.0, 9.0, 9.3, 9.6, 10.0, 10.25, 10.75, 11.0, 12.0, and 13.0, respectively. Inset shows titration curve.

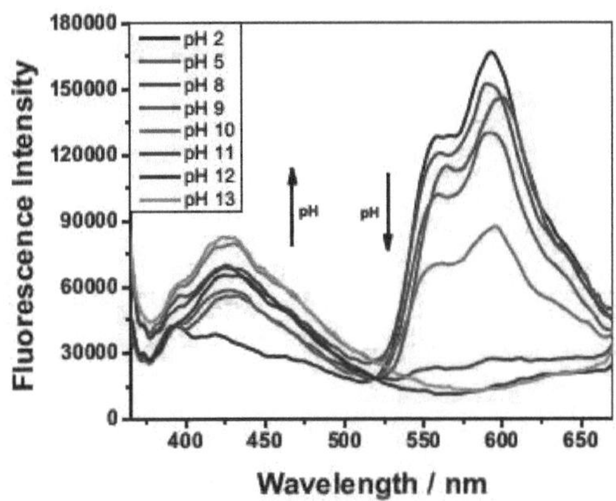

Figure 7.9. Emission spectra of DOX in buffer solution as a function of pH; λ_{exc}=346 nm.

Figura 7.8. Espectros de absorção de DOX em solução tampão, em função do pH. As curvas (i) a (xii) correspondem a pH 2,0, 5,0, 8,0, 9,0, 9,3, 9,6, 10,0, 10,25, 10,75, 11,0, 12,0, e 13,0, respectivamente. O Inset mostra a curva de titulação.

Figura 7.9. Espectros de emissão de DOX em solução tampão, em função do pH;
Zexc=346 nm.

Figura 7.8), o valor de pKa-valor determinado para o estado do solo é 9.88. As curvas de titulação fluorométrica produzem valores de pKa- muito semelhantes. O aparecimento da dupla fluorescência das espécies ácidas e básicas numa grande gama de pH (9,5-10,5), bem como a semelhança dos valores de pKa- obtidos das curvas de titulação espectrofotométrica e fluorométrica apontam para um equilíbrio prototrópico lento no estado excitado de singlet. Isto significa que a desactivação radiativa compete com êxito com o processo de dissociação do próton.

O espectro de emissão em temperatura ambiente da solução DOX em tampão mostra uma banda única e não estruturada com pico a 593 nm atribuído à forma neutra do cis-enol-A. O aumento gradual do pH da solução tampão altera drasticamente o espectro de emissão. Desenvolve-se uma nova banda de emissão redshifted com pico a 630 nm devido à emissão correspondente à espécie aniónica excitada a 550 nm. Os espectros de fluorescência da monitorização do fármaco a 346 nm apresentam um padrão semelhante ao obtido nas curvas de titulação por solvatometria. Com o aumento do pH de 2 para 13, o pico com o máximo a 593 nm (banda A) desapareceu e surgiu um novo pico com o máximo a 421 nm (banda B) (Figura 7.9).

Os nossos resultados podem ser explicados de forma mais plausível postulando a existência de duas espécies de estado excitado distintas (*Esquema 7.3*). A primeira delas é o cis-enol-A* de DOX, responsável pela banda de emissão a 593 nm e o cis-enol-B*, resultante da transferência intramolecular de protões duplos e existe um equilíbrio virtual entre elas. Em estado de solo, há muito pouca existência do cis-enol-B e tornam-se favorecidos em estado de excitação devido à sua grande variação de momento dipolo. Devido ao carácter menos aromático do cis-enol-B* , ele é energeticamente menos favorável e permanece em região de menor comprimento de onda. Por outro lado, os espectros de absorção em diferentes equilíbrios prototrópicos exibem três espécies distintas em estado de solo. A panóplia de evidências favorece as atribuições de que o pico de 480 é responsável pelo cis-enol-A, enquanto que o grande pico de Stokes-shifted a 550 nm é para espécies aniónicas (cis-enol-A). O anião fenolato é capaz de estabilização de ressonância considerável através da deslocalização das suas cargas formais e formando uma nova espécie ressonante que também é obtida no estado excitado pelo processo de transferência intramolecular de prótons. O cis-enol-A, por outro lado, sofre uma emissão a 593 nm apenas após excitação a 480 nm. Ao adicionar base, a ligação intermolecular de hidrogénio é rompida devido à criação de ânion e isto diminui a intensidade da fluorescência do cis-enol-A. Mas com o aumento do pH à medida que a formação do anião se torna facilitada, assim, por estabilização por ressonância mais tautómero

espécies que forma no estado do solo e após excitação a intensidade de emissão de cis...
O enol-B também aumenta.

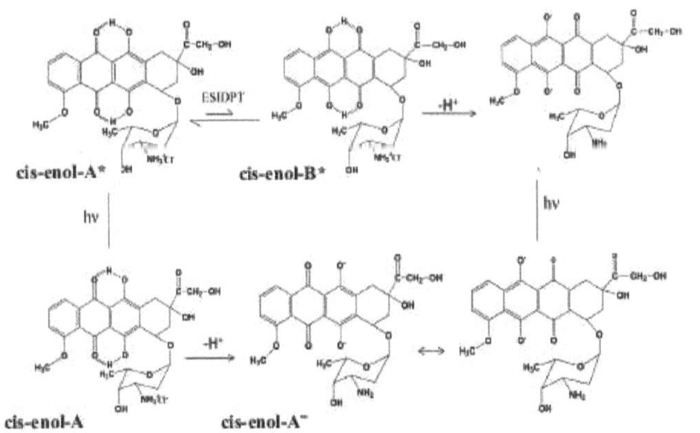

Esquema 7.3. Modelo de equilíbrios prototrópicos no solo e no estado excitado de DOX

7.2.7.   Cálculo de químicos quânticos

Para ter uma melhor compreensão das diferentes propriedades do estado excitado e para prever a natureza e mecanismo da transferência de protões, a energia das transições electrónicas, calor de formação, e momentos dipolo foram calculados usando métodos DFT ao nível de B3LYP/6-31G** para a forma normal e tautómero no solo e estado excitado.

No estado de solo, o comprimento da ligação O-H é de 0,96320 A, mas no estado de excitação optimizada, o comprimento da ligação O-H torna-se 0,96584 A e o ângulo C-O-H aumenta de 108,9° para 109,7°. Esta mudança estrutural de DOX no seu estado excitado indica a possibilidade de transferência de prótons no seu estado excitado. O aumento do momento dipolo (7,10 D para 10,78 D) do estado moído para o estado excitado indica a possível redistribuição da carga de DOX no seu estado excitado, e isto só é possível através da transferência de carga intramolecular da fracção ácida para a fracção básica de DOX. A variação do momento dipolo, bem como o calor da formação com o comprimento da ligação O-H, onde os outros parâmetros permanecem inalterados, foi determinada. O aumento do calor de formação com o comprimento da ligação O-H indica que alguma energia externa é necessária para o ESIDPT do grupo O-H do DOX, o que só é possível através da excitação da molécula. Após exame da distribuição da carga calculada utilizando o esquema Mulliken, é evidenciado que há um aumento da distribuição da carga no átomo de oxigénio do grupo C=O (fracção básica) e uma diminuição simultânea da carga no átomo de oxigénio do grupo O-H (fracção ácida) ao passar do solo para o estado excitado, o que indica uma possível translocação do próton no estado excitado.

A origem da diferença geométrica introduzida pela excitação pode ser explicada, pelo menos em termos qualitativos, através da análise da alteração do carácter de ligação do orbital envolvido na transição electrónica para cada par de átomos ligados. Uma excitação electrónica resulta em alguma redistribuição da densidade de electrões que afecta a geometria molecular. Quando a transição HOMO ^ LUMO envolve a perda do carácter de ligação de uma ligação, a ligação em causa é alongada e vice-versa. As parcelas de superfície de isodensidade HOMO e LUMO de ambos cis-enol-A e cis-enol-B são mostradas no *Esquema 7.4*. A distribuição electrónica em HOMO no estado de terra do cis- enol-A mostra que mais nuvens de electrões são projectadas para a segunda e a terceira parte do esqueleto de antraciclina planar do que a do primeiro anel de benzeno. A densidade de electrões LUMO do cis-enol-A mostra a distribuição electrónica sobre todo o anel de anthraciclina. Quando comparado com o perfil de estado excitado do HOMO e LUMO do cis-enol-A, nota-se uma mudança subtil na distribuição da densidade. A distribuição electrónica em HOMO de cis-enol-B no estado de terra mostra a maior contribuição no grupo hidroxil (fracção ácida) do esqueleto de antraciclina de DOX enquanto que em LUMO a nuvem de electrões se desloca mais para o grupo keto (fracção básica) o que facilita a transferência de protões da fracção ácida para a fracção básica. As energias HOMO e LUMO dos correspondentes cis-enol-A e cis-enol-B são dadas no *Esquema 7.4*. Uma inspecção atenta a esta meação também indica que isto afecta, até certo ponto, o arranjo electrónico geral. A alteração da densidade electrónica nessa região pode também alterar o comprimento da ligação e o ângulo diedro. Apresentamos aqui a distância calculada da ligação e estas são apresentadas no *Esquema 7.4*. É pertinente mencionar aqui que a colocação/posição relativa do grupo hidroxila no esqueleto anthracycline de DOX induz substancialmente a mudança da disposição electrónica global

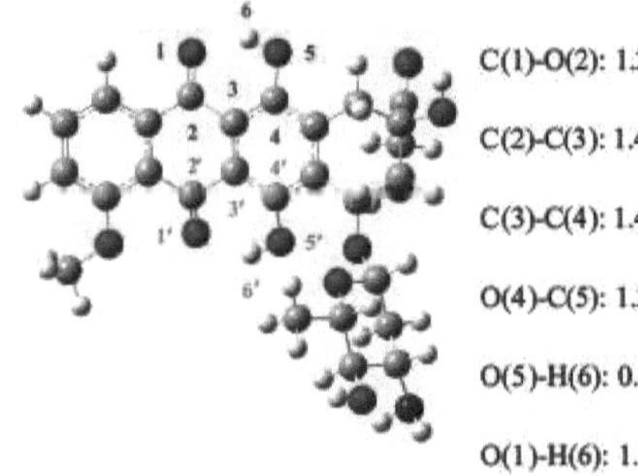

C(1)-O(2): 1.22549   C(1')-O(2'): 1.22490

C(2)-C(3): 1.49004   C(2')-C(3'): 3.81216

C(3)-C(4): 1.41223   C(3')-C(4'): 1.40978

O(4)-C(5): 1.35676   O(4')-C(5'): 1.35310

O(5)-H(6): 0.96320   O(5')-H(6'): 0.96360

O(1)-H(6): 1.75758   O(1')-H(6'): 3.50359

Cís-enol-A

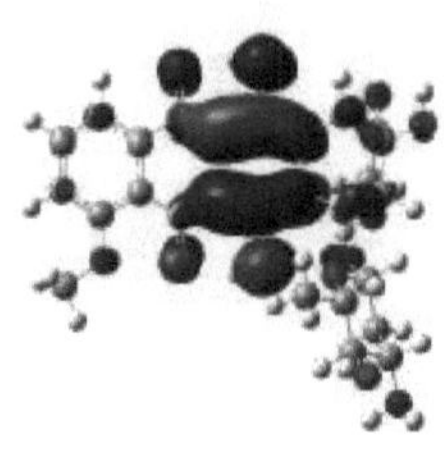

E(HOMO) = -0.19774 eV

Excited state

E(LUMO) = -0.28616 eV.

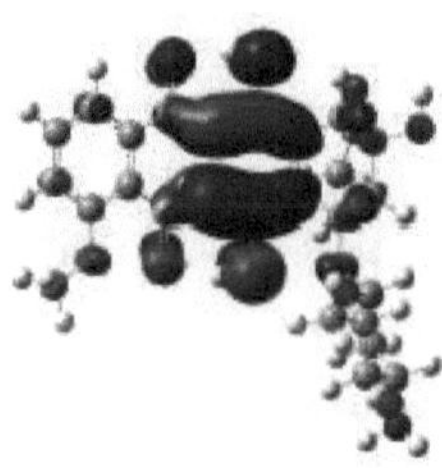

E(HOMO) = -0.19772 eV

Ground state

E(LUMO) = -0.28635 eV.

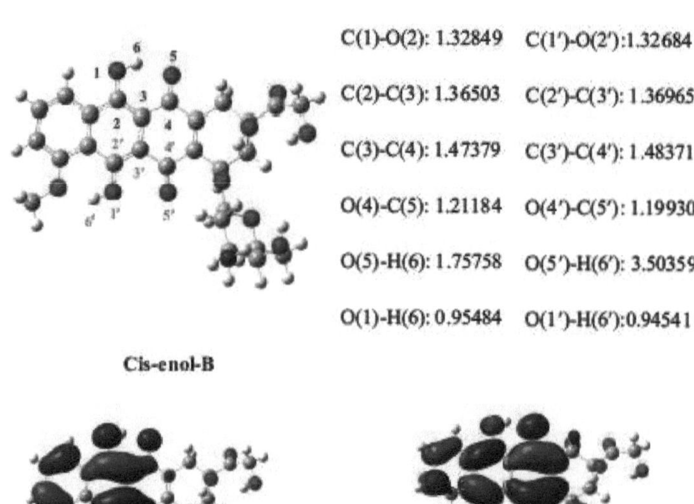

Esquema 7.4. A estrutura optimizada e as orbitais de fronteira do cis-enol-A (topo), e a do cis-enol-B (fundo) do DOX. Os comprimentos das ligações estão em angstroms (A). A energia da órbita fronteiriça HOMO e LUMO dos tautómeros é dada abaixo.

distribuição de cargas de diferentes formas que se modulam ainda mais às suas energias e populações relativas. Do ponto de vista teórico e dos cálculos acima mencionados, pode-se concluir que a excitação de DOX alcançará um estado de excitação deslocalizada e depois relaxará para a configuração de transferência de protões, transferindo o protão da meação ácida para a meação básica. Com esta informação, obtemos os detalhes mecanicistas da transferência de protões em estado moído e excitado, obtidos a partir da absorção e emissão em estado estacionário e também a partir de um estudo resolvido no tempo.

7.3. Resumo

Sem dúvida, a essência significativa deste trabalho é o facto de que em diferentes solventes, a invulgar dupla fluorescência dependente de excitação tem origem na transferência intramolecular do duplo protão, tanto em estados moídos como excitados. A moiety diketone de DOX induz o tautomerismo intramolecular do keto-enol, que é responsável por propriedades de fluorescência altamente sensíveis aos solventes. Os resultados precedentes evidenciam uma possível existência da espécie em estado moído: um devido ao cis-enol-A (480 nm), o segundo devido à formação de anião fenolato (conformador aberto 550 nm), e o terceiro devido ao cis-enol- B (346 nm). O espectro de emissão de DOX em THF é diferente do de outros solventes. Isto é devido à natureza básica do solvente, resultando numa maior estabilização da ligação intramolecular H. A interacção entre a ligação intramolecular H induzida pelo ESIDPT e a formação de ligação H intermolecular na água tem sido demonstrada como percentagem do aumento de água na mistura de água metanol. No meio básico, a banda de emissão de energia mais elevada é pronunciada com o desaparecimento simultâneo da banda de energia mais baixa. Os resultados teóricos baseados na teoria funcional da densidade estão em boa concordância com os dados experimentais. Assim, a investigação sistemática da dependência da fotofísica da droga anticancerígena, DOX no microambiente, bem como em diferentes pH, pode ser crucial para obter conhecimentos fundamentais nos campos de investigação de interesse actual no que diz respeito ao mecanismo de transporte dentro das células cultivadas.

■ Referências

[1] O.F. Mohammed, D. Pines, J. Dryer, E. Pines, E.T. Nibbering, J. *Science* 310 (2005) 83.

[2] F. Liang, L. Wang, D. Ma, X. Jing, F. Wang, *Appl. Phys.* *Lett.* 81 (2002) 4.

[3] S. Hillebrand, M. Segala, T. Buckup, R.R.B. Correia, F. Horowitz, V. Stefani, *Química. Phys.* 273 (2001) 1.

[4] S. Kim, S.Y. Park, *Adv. Mater.* 15 (2003) 1341.

[5] H. Tong, G. Zhou, L. Wang, X. Jing, F. Wang, J. Zhang, *TetrahedronLett.* 44 (2003) 131.

[6] N. Agmon, *J. Phys. Chem. A* 109 (2005) 13.

[7] D. Nie, Z. Bian, A. Yu, Z. Chen, Z. Liu, C. Huang, *Chem. Phys.* 348 (2008) 181.

[8] M.M. Balamurali, S.K. Dogra, *Chem. Phys.* 305 (2004) 95.

[9] C. Tanner, C. Manca, S. Leutwyler, *Science* 302 (2003) 1736.

[10] E. Bardez, A. Chatelain, B. Larrey, B. Valeur, *J. Phys. Chem.* 98 (1994) 237.

[11] T.G. Kim, S.I. Lee, D. Jang, Y. Kim, *J. Phys. Chem.* 99 (1995) 12698.

[12] P.T. Chou, M.L. Martinez, J.H. Clements, *J. Phys. Chem.* 97 (1993) 2618.

[13] T. Nakagawa, S. Kohtani, M. Itoh, *J. Am. Chem. Soc.* 117 (1995) 7952.

[14] K. Kuldova', A. Corval, H.P. Trommsdorff, J.M. Lehn, *J. Phys.* *Chem.* A101 (1997) 6850.

[15] T. Nishiya, S. Yamauchi, N. Hirota, M. Baba, I. Hanazaki, *J. Phys. Chem.* 90 (1986) 5730.

[16] P.T. Chou, D. McMorrow, T.J. Aartsma, M. Kasha, *J. Phys. Chem.* 88 (1984) 4596.

[17] M.L. Martinez, W.C. Cooper, P.T. Chou, *Chem. Phys. Lett.* 193 (1992) 151.

[18] H.J. Heller, H.R. Blattmann, *Pure Appl. Chem.* 36 (1973) 141.

[19] T. Werner, G. Woessner, H.E.A. Kramer, *In Photodegradation and Photostabolization of Coating*; S.P. Pappas, F.H. Winslow, Eds.; American Chemical Society: Washington, DC, 151 (1981)

1.

[20] R.M. Tarkka, X. Zhang, S.A. Jenekhe, *J. Am. Chem. Soc.* 118 (1996) 9438.

[21] A. Sytnik, J.C.D. Valle, *J. Phys. Chem.* 99 (1995) 13028.

[22] A. Sytnik, I. Litvinyuk, *Proc. Natl. Acad. Sci. U.S.A.* 93 (1996) 12959.

[23] A. Sytnik, D. Gormin, M. Kasha, *Proc. Natl. Acad. Sci. U.S.A.* 91 (1994) 11968.

[24] N. Husain, R.A. Agbaria, I.M. Warner, *J. Phys. Chem.* 97 (1993) 10857.

[25] R. G. Sturgeon, S. G. Schulmann, *J. Pharm. Sci.* 66 (1977) 958.

[26] A.A. Liem, M.V.C.L. Appleyard, M.A. O'Neill, T.R. Hupp, M.P. Chamberlain, A.M. Thompson, *Br. J. Cancer* 88 (2003) 1281.

[27] A.M. Calcagno, J.M. Fostel, K.K. To, C.D. Salcido, S.E. Martin, K.J. Chewning, C.P. Wu, L. Varticovski, S.E. Bates, N.J. Caplen, S.V. Ambudkar, *Br. J. Cancer* 98 (2008) 1515.

[28] D. Wagner, W.V. Kern, P. Kern, *Clin. InVest.* 72 (1994) 417.

[29] Y. Collins, S. Lele, *J. Nat. Med. Assoc.* 97 (2005) 1414.

[30] J. O'Shaughnessy, *Oncologista* 8 (2003) 1.

[31] T. Lebold, C. Jung, J. Michaelis, C. Bra'uchle, *Nano Lett.* 9 (2009) 2877.

[32] T. Htun, *J. Fluoresc.* 14 (2004) 217.

[33] C.E. Soltys, M.F. Roberts, *Biochem.* 33 (1994) 11608.

[34] J.D. Dignam, X. Qu, J. Ren, J.B. Chaires, *J. Phys. Chem. B* 111 (2007) 11576.

[35] L.B. Liao, H.Y. Zhou, X.M. Xiao, *J. Mol. Struct.* 749 (2005) 108.

[36] H.C.M. Yau, H.L. Chan, M. Yang, *Biosensors and Bioelectronics* 18 (2003) 873.

[37] C. Friesen, M. Uhl, U. Pannicke, K. Schwarz, E. Miltner, K.M. Debatin, *Biol. Cell* 19 (2008) 3283.

[38] D. Engel, A. Nudelman, I. Levovich, T.G. Fischer, M.E. Meer, D.R. Phillips, S.M. Cutts, A. Rephaeli, *J. Cancer Res Clin. Oncol.* 132 (2006) 673.

[39] S.K. Peirce, H.W. Findley, *Int. J. Oncology* 34 (2009) 1395.

[40] E.V. Batrakova, D.L. Kelly, S. Li, Y. Li, Z. Yang, L. Xiao, D.Y. Alakhova, S. Sherman, V.Y. Alakhov, A.V. Kabanov, *Mol. Pharma.* 3 (2006) 113.

[41] X. Dai, B.Z. Yue, M.E. Eccleston, J. Swartling, N.K.H. Slater, C.F. Kaminski, *Nanomedicine* 4 (2008) 49.

[42] X. Zhang, L. Meng, Q. Lu, Z. Fei, P. Dyson, J. *Biomaterials* 30 (2009) 6041.

[43] H. Huang, E. Pierstorff, E. Osawa, D. Ho, *Nano Lett.* 7 (2007) 3305.

[44] F. Shen, S. Chu, A.K. Bence, B. Bailey, X. Xue, P.A. Erickson, M.H. Montrose, W.T. Beck, L.C. Erickson, Phrmacology 324(2008) 95.

[45] A. Malugin, P. Kopec'kova', J. Kopec'ek, *Mol. Pharma.* 3 (2006) 351.

[46] S.Y. Fung, J. Duhamel, P. Chen, *J. Phys. Chem. A* 110 (2006) 11446.

[47] J.R. Lakowicz, Principles of Fluorescence Spectroscopy, terceira ed., Springer, New York, 2006.

[48] S. Coussan, Y. Ferro, A. Trivella, M. Rajzmann, P. Roubin, R. Wieczorek, C. Manca, P. Piecuch,

K. Kowalski, M. Wloch, S.A. Kucharski, M. Musial, *J. Phys. Chem. A* 110 (2006) 3920.

[49] M.H. Abraham, P.L. Greillier, J.L.M. Abboud, R.M. Doherty, R.W. Taft, *Can. J. Chem.* 66 (1988) 2673.

[50] G.J. Zhao, K.L. Han, *Chem. Phys. Chem.* 9 (2008) 1842.

[51] G.J. Zhao, K.L. Han, *J. Phys. Chem. A* 111 (2007) 2469.

[52] E. Pines, G.R. Fleming, *J. Phys. Chem.* 95 (1991) 10448.

[53] A. Maciejewski, D.R. Demmer, D.R. James, A. Safarzadeh-Amiri, R.E. Verrall, R.P. Steer, *J. Am. Chem. Soc.* 107 (1985) 2831.

[54] F.V. Bright, C.A. Munson, *Anal. Chim. Acta.* 500 (2003) 71.

[55] J. Kamlet, J.L.M. Abboud, M.H. Abraham, R.W. Taft, *J. Org. Chem.* 48 (1983) 2877.

uma

EMISSÃO DE BIOSENSORESORES DE PYRAZOLINE-DOXORUBICINA INTRIGUÍDOS DE pH-TRIGERADO FRET-BASED

CASAL E APLICAÇÃO EM CÉLULAS VIVAS

8.1. Introdução: Perspectiva do trabalho

Devido à intensa e inerente contemplação dos campos de investigação biomédica e diagnósticos médicos, os investigadores têm procurado biosensores ópticos empregando drogas fluorogénicas sensíveis a estímulos que exploram várias modalidades devido à sua rápida, não invasiva, descartável, facilmente miniaturizável, simples funcionalidade e sinalização visual. Nos organismos vivos, o pH e a temperatura apresentam impactos cruciais nas actividades celulares e tecidulares, e desvios anormais de pH e temperatura em bio-microambientes estão tipicamente associados a processos fisiopatológicos. A maioria dos quimiossensores ópticos de pH-assistidos existentes, que foram desenvolvidos para fins de imagem celular *in vivo*, baseiam-se em alterações de intensidade de pH-resposta em janelas de emissão única. No entanto, a detecção de emissões únicas é problemática para análises precisas em condições biológicas, uma vez que a fluorescência sofre perturbações agudas devido a vários factores ambientais. Para aliviar esta dificuldade, foram desenvolvidas medições ratiométricas com maior precisão em comparação com a utilização de um único comprimento de onda através do registo simultâneo das intensidades de fluorescência em dois comprimentos de onda e do cálculo dos seus rácios. O princípio Forster de transferência de energia por ressonância (FRET), que se refere à transferência de energia não-radiativa entre dadores fluorescentes e aceitadores, foi tipicamente utilizado para a construção de sensor de pH ratiométrico que erradica eficazmente a interferência dos sinais de fundo e a flutuação das condições de detecção.

Recentemente, foi noticiada uma nanomáquina de ADN muito interessante, acionada por pH, rotulada com dador e aceitador da FRET nos dois terminais. O duplex de ADN concebido adopta uma conformação alargada a pH 7,3 e um "estado fechado" a pH 5. Foi também demonstrado que, no ambiente ácido, a clivagem da ligação labial de pH entre os fluoróforos pára a transferência de energia e resulta no aumento das emissões do fluoróforo doador, abrindo possibilidades para aplicações de bioensensagem interessantes com o par FRET judiciosamente concebido.

Alguns métodos de detecção de pH com base na FRET, incluindo a colocação de um fluoróforo sensível ao pH em pontos quânticos ou em nanogéis, foram relatados na literatura. Contudo, a sua capacidade sensível ao pH está comprometida a 4,0-8,0, restringindo assim as suas aplicações biológicas acima do pH 8,0. Apesar deste modesto grau de investigação relativamente a estes sistemas estarem bem germinados, ainda não foram explorados motivos cruciais para uma combinação eficiente de pH sintonizável FRET, particularmente no campo da fotopropulsão não invasiva de células tumorais em meios aquosos, juntamente com uma resposta profusa para fins de bioimagem. Para responder a esta preocupação, introduzimos um derivado sintetizado de pirazolina (PYZ, *Esquema 3.4* no capítulo 3) como sendo o fluoróforo doador associado à doxorubicina, droga anticancerígena amplamente utilizada (DOX, *Esquema 3.3* no capítulo 3) como aceitador. Sendo uma classe importante de heterócitos, os derivados da pirazolina têm atraído um interesse profuso não só na arena da química medicinal devido à sua actividade antifúngica e antimicrobiana, mas também na química material pelo seu papel na investigação de nanocristais ou como agentes branqueadores e assim por diante. A doxorubicina, associada ao grupo antraciclina de antibióticos intrinsecamente fluorescentes, é reconhecida por mostrar actividade quimioterapêutica, intercalando entre pares de bases de ADN adjacentes e impedindo a replicação, causando alterações conformacionais na molécula de ADN. Neste relatório, concebemos com sucesso um novo biosensor FRET induzido por pH utilizando o casal PYZ-DOX que pode controlar a eficiência FRET através da simples monitorização do pH médio. O nosso artefacto não se limita à detecção FRET ON-OFF na variação da janela de pH básico, mas é um avanço na procura de um aumento de emissão superior assistido por pH de derivados de pirazolina com uma mudança bathochromic rígida no máximo de emissão que é racionalmente empregada para o comportamento de torção (FRET-OFF) em resposta à sua transição conformacional subjacente no mapeamento das mudanças de pH ambiental.

8.2. Resultados e Discussão
8.2.1. Comportamento em termos de emissões de PYZ

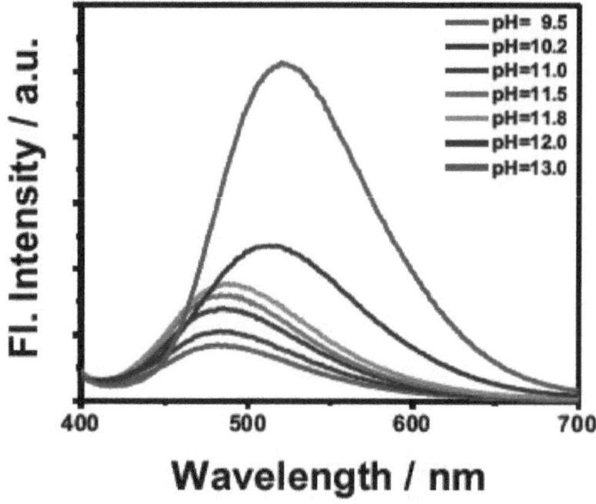

Figura 8.1. Espectros de emissão de PYZ a pH diferente. X_{exc} = 375 nm.

A figura 8.1 mostra os espectros de emissão de PYZ a diferentes pH obtidos na excitação selectiva do fármaco a $z_{exc} \sim 375$ nm. Em pH neutro, nota-se uma banda de emissão muito fraca de PYZ a um pico máximo de 485 nm. Curiosamente, com o aumento do pH, o perfil de emissão mostra mudanças dramáticas que levam ao aparecimento de uma grande banda de emissão deslocada a vermelho, centrada a ~ 521 nm, acompanhada de um grande aumento da intensidade de emissão de fluorescência. Os fenómenos observados na emissão máxima de PYZ podem ser atribuídos à mudança estrutural das espécies emissoras a pH elevado. Como demonstrado no *Esquema 3.4*, existe um grupo éster na fracção de PYZ. Com pH inferior a 11, o grupo éster não é afectado. Mas a um pH mais elevado (pH > 11) o grupo éster da fracção PYZ começa a dissociar-se para formar anião carboxilato. Assim, a um pH elevado, a hidrólise do

126

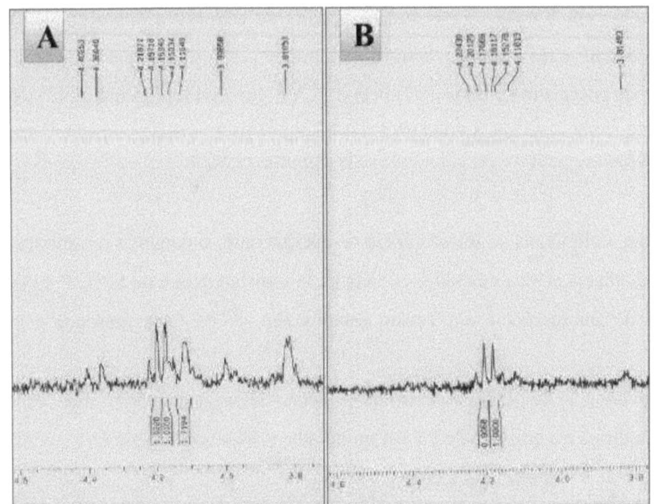

Figura 8.2. Espectro NMR de PYZ. (A) Em branco; (B) Com NaOD.

8.2.1. Comportamento de absorção de DOX

As características básicas de absorção de DOX em soluções tampão com pH diferente (variando de 2 a 13) foram exploradas para explicar a mudança conformacional. O aumento do pH leva ao desaparecimento da banda de absorção a 480 nm, juntamente com a formação de uma nova banda a 550 nm, que pode ser atribuída à forma desprotonada. Quando uma solução do DOX é irradiada a 480 nm, a solução a pH 7,0 emite uma cor laranja enquanto que a solução a pH 9,5 emite uma cor púrpura indicando a mudança conformacional do DOX. O gráfico ratiométrico (A_{550} / A_{480}) mostra que a gama de aplicação de DOX pode ser encontrada de pH 7,0 a 11,0 (Figura 8.3).

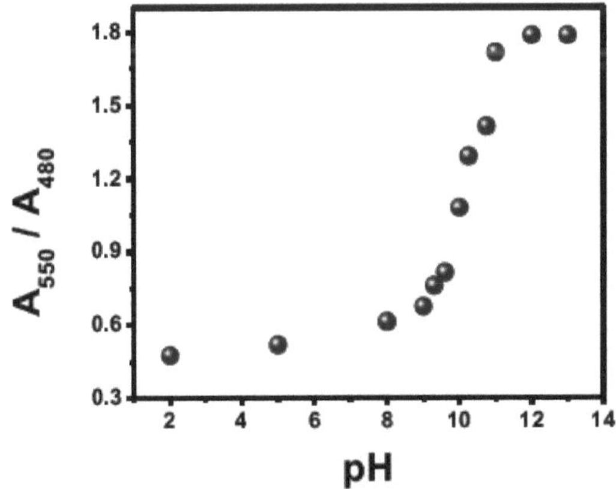

Figura 8.3. Traçado ratiométrico da absorvância a 550 nm e 480 nm.

8.2.3. Transferência de energia de PYZ para DOX

Agora uma exploração do principal objectivo da presente contribuição, ou seja, a eficiência

FRET modulada em função do pH médio através da emissão e absorção dependentes do ambiente do doador e do aceitante, respectivamente, é conseguida a partir dos parâmetros de transferência de energia resumidos na Tabela 8.1. A Figura 8.4 representa o pH sintonizável Perfil FRET de PYZ após adição de DOX. Utilizando FRET, a distância real "r0" entre PYZ e DOX a pH diferente poderia ser calculada pela seguinte equação

$$E = 1 - \frac{F}{F_0} = \frac{R_0^6}{R_0^6 + r_0^6} \qquad (8.1)$$

onde, E denota a eficiência da transferência de energia entre o doador e o aceitante, e R_0 (raio Forster) é a distância crítica quando a eficiência da transferência é de 50%; F e F0 denotam as intensidades de fluorescência em estado estacionário de PYZ na presença e ausência de supressor.

Devido à dependência do pH do espectro de absorção da droga, a sobreposição espectral entre a absorção da droga e a emissão de PYZ é modulada, uma vez que o pH é

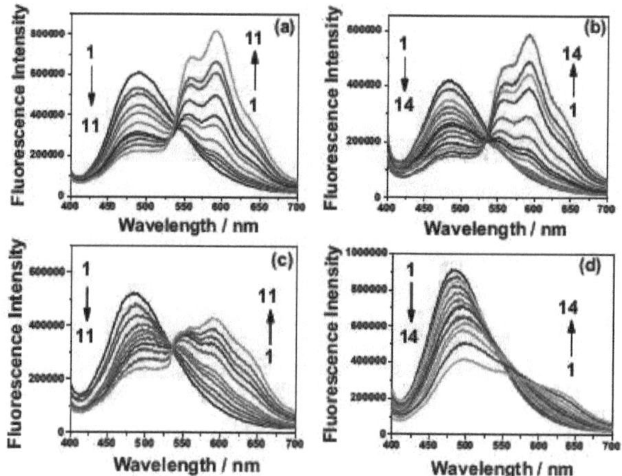

Figura 8.4. Perfil de emissão de PYZ em diferentes concentrações de DOX a (a) pH=7,0: Curvas 1 a 11 correspondem a 0,0 a 29,0 mM; (b) pH=9,5: As curvas 1 a 14 correspondem a 0,0 a 29,8 mM; (c) pH=10,2: As curvas de 1 a 11 correspondem a 0,0 a 44,6 mM; (d) pH=10,7: As curvas de 1 a 14 correspondem a 0,0 a 34,1 mM DOX, respectivamente. X_{exc} = 375 nm.

Quadro 8.1. Vários parâmetros de transferência de energia do casal PYZ-DOX

pH	n	J x 1012 (dm³ cm³ mol)⁻¹	Ro (nm)	ro (nm)	E
7.0	0.7	3.699	4.80	5.52	0.37
9.5	0.5	6.563	4.94	4.49	0.64
10.2	0.7	5.799	5.02	4.89	0.53
10.7	0.7	6.723	5.48	5.34	0.54

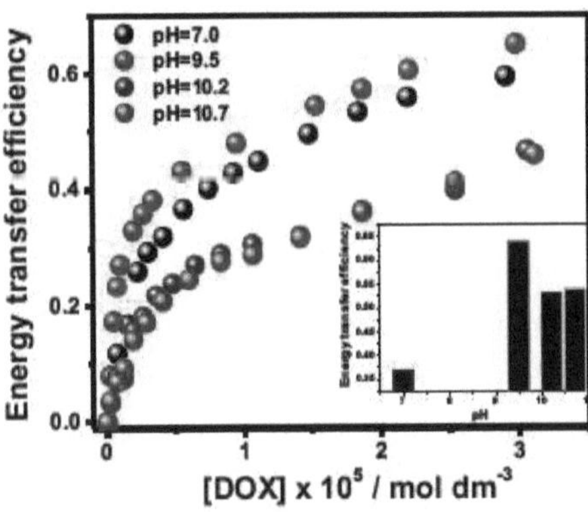

Figura 8.5. Diagrama de eficiência da transferência de energia a diferentes pH. Inset mostra o gráfico de barras.

mudou. Esta sobreposição espectral J integral está directamente relacionada com a distância crítica FRET, R_0, que por sua vez afecta a eficiência da transferência de energia, como se mostra na equação

$$R_0^6 = 8.79 \times 10^{-25} \chi^2 n^{-4} \Phi J \qquad (8.2)$$

onde χ^2 é o factor de orientação relacionado com a geometria do doador e do aceitador de dipolos e $\chi^2 = 2/3$ para orientação aleatória como em solução fluida; n é o índice de refracção médio do meio na gama de comprimento de onda onde a sobreposição espectral é significativa; Φ é o rendimento quântico de fluorescência do doador; J é o integral de sobreposição espectral entre o espectro de emissão do doador e o espectro de absorção do aceitador, que pode ser calculado pela equação

$$J(pH) = \frac{\int_0^\infty F(\lambda)\varepsilon_{pH}(\lambda)\lambda^4 d\lambda}{\int_0^\infty F(\lambda)d\lambda} \qquad (8.3)$$

onde λ é o comprimento de onda, $\varepsilon_{pH}(\lambda)$ é a absortividade molar dependente do pH e $F(\lambda)$ é a emissão normalizada do doador PYZ. À medida que o pH aumenta, a sobreposição espectral bem como o R_0 aumenta e a eficiência FRET aumenta enormemente até um pH crítico, após o qual a eficiência diminui novamente com um novo aumento do pH. Isto permite afinar a capacidade de detecção do sensor e explorá-la ao seu nível máximo de eficiência através da simples monitorização do pH médio (Figura 8.5).

8.2.4.   pH induzido na comutação FRET ON-OFF

Controlando a eficiência FRET utilizando diferentes dependências de pH entre PYZ e DOX, concebemos o nosso casal recombinante PYZ-DOX, para que o DOX aceite a energia emitida pela molécula PYZ excitada a 375 nm, levando à emissão de fluorescência laranja a 593 nm até um pH fisiológico de 10,9. A um pH superior a 10,9, contudo, o DOX será significativamente incapaz de aceitar a energia emitida (FRET- OFF) a partir de PYZ. Em meio alcalino, tal comportamento de torção é raro. Assim, devemos ser capazes de avaliar a actividade de detecção FRET ON-OFF controlando o pH entre as moléculas do casal PYZ-DOX expostas a um pH intracelular fisiologicamente normal e aquelas libertadas num ambiente de pH extracelular aumentado.

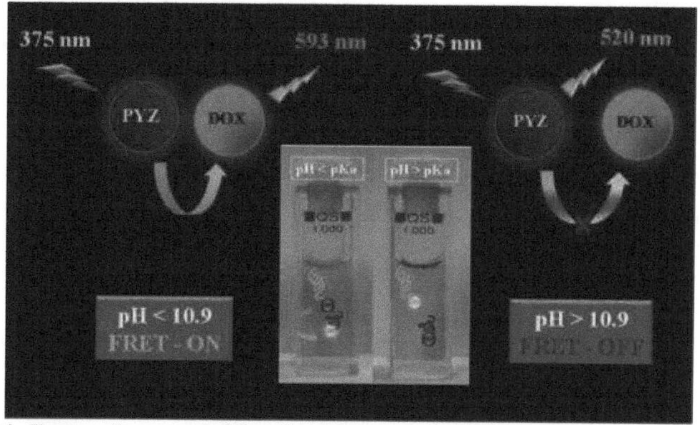

Esquema 8.1. Ilustração esquemática dos processos FRET controlados por pH com base no casal PYZ-DOX e o mecanismo de comutação FRET ON-OFF e a fotografia da solução visualmente detectável de DOX acima e abaixo de pKa.

A acção de detecção do casal DOX-PYZ é conferida pela modulação da eficiência FRET resultante da mudança conformacional induzida pelo pH de DOX. Devido à dependência do pH do espectro de absorção de drogas, a sobreposição espectral entre a absorção de drogas sensíveis ao pH e a emissão de PYZ é modulada à medida que o pH é alterado. Uma vez que a fracção fenólica -OH de DOX é desprotonada e se torna uma configuração de cadeia aberta a pH > pKa, espera-se que DOX seja altamente solúvel em

água e tem uma conformação de cadeia expandida. Como observado, para a droga livre (DOX) em solução homogénea, a banda de absorção DOX é muito deslocada a vermelho e suprimida sob pH básico. Consequentemente, a mudança conformacional de DOX da estrutura fechada para a estrutura de cadeia aberta resulta num aumento da distância entre doador e aceitador de FRET, o que permite induzir o FRET-OFF (*Esquema 8.1.*).

8.2.5.   Emissões de dadores superiores a pH 11: Formação de excêntricos

A pH acima de 10,9 onde já não há FRET, o aumento da emissão do doador ocorre juntamente com um dramático desvio vermelho com adição gradual de DOX. O comportamento das emissões de PYZ a pH 11 e 12 com adição progressiva de DOX é representado na Figura 8.6. A este pH, não só o DOX permanece na forma desprotonada, mas também a ligação de éster de PYZ é proposta à hidrólise. As características sem estrutura e o deslocamento da emissão bathochromic em função da concentração de DOX, sugerem que a emissão bathochromic sem estrutura pode ser atribuída a um exciplex fortemente fluorescente.

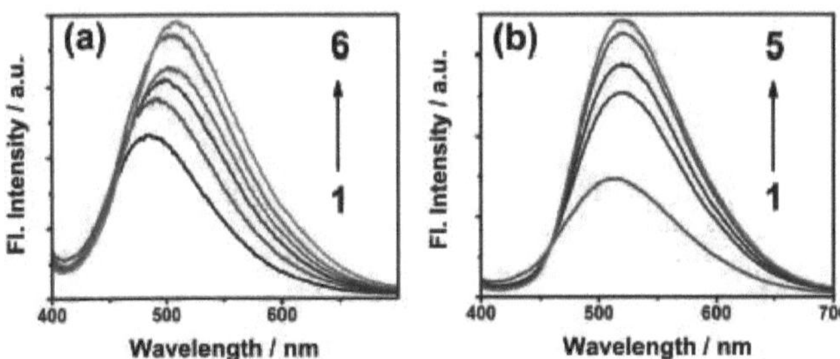

Figura 8.6. Perfil de emissão de PYZ a diferentes concentrações de DOX a (a) pH=11; as curvas 1 a 6 correspondem a 0,0 a 5,0 mM; (b) pH=12; as curvas 1 a 5 correspondem a 0,0 a 2,4 mM DOX, respectivamente; X_{exc} = 375 nm.

8.2.6. Estudos com tempo resolvido

A vida útil da fluorescência serve como um indicador sensível do ambiente local em que um determinado fluoróforo é colocado. As medições baseadas no tempo de vida são ricas em informação e fornecem conhecimentos únicos sobre os sistemas sob investigação. Em solução tampão de

Quadro 8.2: Vida útil da fluorescência PYZ a diferentes pH

pH	a_i	T_1 (ns)	a_2	T_2 (ns)	$<T_{av}>$ (ns)	x^2
7.0	0.897	0.65	0.103	4.73	1.07	1.05
9.5	0.827	0.65	0.173	4.64	1.34	1.12
10.2	0.826	0.71	0.174	4.53	1.37	1.16
10.7	0.763	0.82	0.237	4.32	1.65	1.37
11.0	0.822	0.89	0.178	4.59	1.54	1.00
12.0	0.960	0.86	0.039	3.97	0.98	1.01

Tabela 8.3: Vida útil da fluorescência de PYZ a diferentes pH em função da concentração de DOX

pH	[DOX] (gM)	a_i	T_1 (ns)	a_2	T_2 (ns)	$<T_{av}>$ (ns)	x^2
	0.0	0.89	0.65	0.10	4.73	1.07	1.05
	1.2	0.89	0.65	0.10	4.73	1.06	1.05
7.0	2.4	0.92	0.65	0.08	4.67	0.97	1.16
	6.0	0.91	0.65	0.09	4.57	1.02	1.13
	11.9	0.93	0.65	0.07	4.56	0.93	1.21
	23.3	0.93	0.65	0.07	4.39	0.91	1.11
	0.0	0.83	0.65	0.17	4.64	1.34	1.12
	1.2	0.85	0.73	0.15	4.55	1.32	1.1
9.5	2.4	0.86	0.77	0.14	4.56	1.29	1.18
	6.0	0.88	0.77	0.12	4.55	1.21	1.09
	11.9	0.89	0.79	0.10	4.51	1.16	1.17
	23.3	0.90	0.82	0.10	4.43	1.17	1.17
	0.0	0.83	0.71	0.17	4.53	1.37	1.16
	1.2	0.84	0.79	0.16	4.42	1.36	1.09
10.2	2.4	0.87	0.81	0.13	4.37	1.26	1.13
	6.0	0.89	0.84	0.10	4.43	1.21	1.13
	11.9	0.93	0.82	0.07	4.30	1.05	1.12
	23.3	0.95	0.77	0.05	4.14	0.93	1.27
	0.0	0.76	0.82	0.24	4.32	1.65	1.37
	1.2	0.80	0.94	0.20	4.19	1.59	1.19
10.7	2.4	0.85	0.80	0.15	4.06	1.28	1.22
	6.0	0.89	0.79	0.11	3.86	1.14	1.18
	11.9	0.90	0.90	0.10	3.83	1.19	1.03
	23.3	0.92	0.89	0.08	3.84	1.12	1.00

pH diferente, há um decaimento biexponencial de PYZ e os valores de vida útil são observados como sendo mais longos à medida que o pH da solução é aumentado até pH 10,7. A vida útil da fluorescência de PYZ nesses ambientes está representada na Tabela 8.2. A decomposição biexponencial observada de PYZ pode ser atribuída a duas formas diferentes de PYZ em estado excitado. A maior amplitude responsável pela forma neutra foi reduzida e a menor amplitude responsável pela forma aniónica foi aumentada com o aumento do pH.

Fomos também fervorosos em estudar o decaimento da fluorescência de PYZ em diferentes rácios molares do fármaco bioactivo DOX em diferentes pH para obter uma imagem sobre a mudança no microambiente desse fluoróforo ao ligar-se à molécula do fármaco. Os tempos de vida da fluorescência e as suas amplitudes são apresentados na Tabela 8.3. Com a adição gradual de uma quantidade micromolar de um aceitante, a vida útil do doador diminui. Esta observação também se correlaciona com as nossas inferências anteriores obtidas a partir de experiências em estado estacionário.

8.2.7. Imagens intracelulares dos sensores

Para racionalizar a aplicação da bio-imagem deste casal PYZ-DOX, tomámos imagens confocais fluorescentes em células vivas. A incubação de células HepG2 com PYZ (5 uM) durante 30 min a 37 °C foi seguida pela adição de DOX (30 uM) e depois foi incubada durante mais 30 min. Os resultados são mostrados na Figura 8.7. Pode-se observar claramente alterações confocais significativas de imagem do meio após a adição de DOX durante 30 min a 37 °C. As células HepG2 incubadas com PYZ apresentam inicialmente uma imagem azul fluorescente, mas a imagem fluorescente torna-se imediatamente uma imagem vermelha fluorescente forte na presença de DOX. Os resultados sugerem que este sensor pode penetrar eficazmente na membrana celular e pode ser utilizado para a imagem em células vivas e *in vivo* potencialmente.

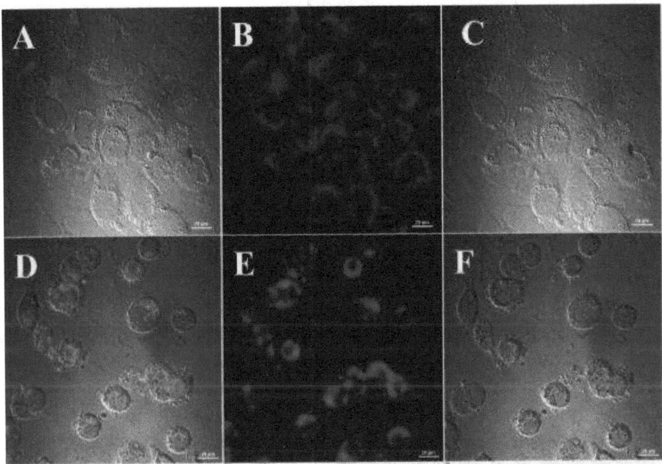

Figura 8.7. Imagens de fluorescência confocal de células HepG2 vivas. (B) Células incubadas com 5 gM PYZ durante 30 min a 37 °C. (E) Outras células incubadas com adição de 30 gM DOX durante 30 min a 37 °C. (C) e (F) são as imagens de campo brilhante de células HepG2 vivas mostradas nos painéis B e E correspondentes, confirmando a sua viabilidade. A imagem à esquerda de cada painel representa a imagem de fusão das células de HepG2 e o fármaco fluorescente correspondente (A e D). As cores reproduzidas nas micrografias fluorescentes foram codificadas em X (cor real). X_{exc} = 405 nm. Barra de escala = 20 gm.

8.3. Resumo

Para finalizar, concebemos com sucesso um novo biosensor FRET com resposta ao pH, introduzindo o casal PYZ-DOX que pode imaginar e entregar medicamentos anticancerígenos às células cancerosas e controlar a entrega de medicamentos às células tumorais visadas com base no mecanismo de transferência de energia por ressonância Forster, simplesmente monitorizando o pH médio. O sistema detecta um pH particular onde a eficiência da FRET é máxima. Com um pH elevado, o FRET torna-se switch-OFF e os dois cromóforos formam um excipiente fluorescente estável à custa da eficiência FRET. A permeabilidade celular proficiente deste sensor à célula HepG2 viva ajudará na compreensão dos processos biológicos a nível molecular. O objectivo imediato de expandir a utilidade do casal PYZ-DOX para estudos de biologia medicinal inclui a optimização da sensibilidade e selectividade do fornecimento de medicamentos às linhas de células tumorais, bem como a melhoria da luminosidade óptica e das gamas dinâmicas para aplicações de imagem.

■ Referências

[1] X. Zhou, F. Su, H. Lu, P. Senechal-Willis, Y. Tian, R.H. Johnson, D.R. Meldrum, *Biomat.* 33 (2012) 171.

[2] T.R. Martz, J.J. Carr, C.R. French, M.D. DeGrandpre, *Anal. Chem.* 75 (2003) 1844.

[3] X. Wan, S.J. Liu, *Mater. Chem.* 21 (2011) 10321.

[4] J. Kneipp, H. Kneipp, B. Wittig, K. Kneipp, *Nano Lett.* 2007, 7, 2819.

[5] B.R. Lee, K.T. Oh, Y.T. Oh, H.J. Baik, S.Y. Park, Y.S. Youn, E.S. Lee, *Chem. Comunhão.* 47 (2011) 3852.

[6] Y. Kurishita, T. Kohira, A. Ojida, I. Hamachi, *J. Am. Chem. Soc.* 132 (2010) 13290.

[7] K. Kikuchi, H. Takakusa, T. Nagano, *Trend Anal. Chem.* 23 (2004) 407.

[8] H.S. Peng, J.A. Stolwijk, L.N. Sun, J. Wegener, O.S. Wolfbeis, *Angew. Chem. Int. Ed.* 49 (2010) 4246.

[9] C. Pietsch, R. Hoogenboom, U.S. Schubert, *Angew. Chem. Int. Ed.* 48 (2009) 5653.

[10] L. Albertazzi, B. Storti, L. Marchetti, F. Beltram, *J. Am. Chem. Soc.* 132 (2010) 18158.

[11] J. Yin, H.B. Hu, Y.H. Wu, S.Y. Liu, *Polym. Chem.* 2 (2011) 363.

[12] S. Modi, M.G. Swetha, D. Goswami, G.D. Gupta, S. Mayor, Y. Krishnan, *Nat. Nanotechnol.* 4 (2009) 325.

[13] Y.L. Chiu, S.A. Chen, J.H. Chen, K.J. Chen, H.L. Chen, H.W. Sung, *ACS Nano* 4 (2010) 7467.

[14] P.T. Snee, R.C. Somers, G. Nair, J.P. Zimmer, M.G. Bawendi, D.G. Nocera, *J. Am. Chem. Soc.* 128 (2006) 13320.

[15] M. Suzuki, Y. Husimi, H. Komatsu, K. Suzuki, K.T. Douglas, *J. Am. Chem. Soc.* 130 (2008) 5720.

[16] T. Bagar, K. Altenbach, N.D. Read, M. Bencina, *Euk. Cell* 8 (2009) 703.

[17] X. Chen, Y. Zhou, X. Peng, J. Yoon, *Chem. Soc. Rev.* 39 (2010) 2120.

[18] J. Lowther, M.W. Robinson1, S.M. Donnelly, W. Xu1, C.M. Stack1, J.M. Matthews, J. P. Dalton, *PLoS One* 3 (2009) e369.

[19] J. Llopis, J.M. Mccaffery, A. Miyawaki, M.G. Farquhar, R.Y. Tsien, *Proc. Natl. Acad. Ciência. U.S.A.* 95 (1998) 6803.

[20] A. Mukherje, K.K. Mahalanabis, *Heterocycles* 78 (2009) 911.

[21] R. Sivakumar, R.V. Pradeepchandran, K.N. Jayaveera, R. Vijaianand, P. Kumarnallasivan, *Int. J. de Saúde e Nutrição* 1 (2010) 1.

[22] M. Shaharyar, A.A. Siddiqui, M.A. Ali, D. Sriram, P. Yogeeswari, *Bioorg. Med. Chem. Lett.* 16 (2006) 3947.

[23] S.W. Oh, D.R. Zhang, Y.S. Kang, *Mater. Eng. Ci. C 24* (2004) 131.

[24] M. Wang, J. Zhang, J. Liu, C. Xu, H. Ju, *J. Lumin.* 99 (2002) 79.

[25] N. Husain, R.A. Agbaria, I.M. Warner, *J. Phys. Chem.* 97 (1993) 10857.

[26] D.K. Rana, S. Dhar, A. Sarkar, S.C. Bhattacharya, *J. Phys. Chem. A* 115 (2011) 9169.

[27] J.R. Lakowicz, *Principles of Fluorescence Spectroscopy*; terceira edição, Springer, New York, 2006.

[28] Maciejewski, A.; Demmer, D.R.; James, D.R.; Safarzadeh-Amiri, A.; Verrall, R. E.; Steer, R.P. *J. Am. Chem. Soc.* **1985**, *107*, 2831-2837.

[29] Bright, F.V.; Munson, C.A. *Anal. Chim. Acta* **2003**, *500*, 71-104.

9.1. Observações Finais

A presente dissertação enfatiza a modulação da fotofísica de diferentes fluoróforos biologicamente activos em vários ambientes microheterogénicos homogéneos e biomiméticos organizados, utilizando a espectroscopia como ferramenta básica. Como potencial composto bioactivo 2-antraceno sulfonato (2-AS), sintetizado 7-oxy(5- selenocyanato-pentyl)-2H-1-benzopyran-2-one (PCM), derivados sintetizados de pirazolina (PYZ) e cloridrato de doxorubicina (DOX), com actividade anticancerígena, foram aplicados como materiais fluoróforos alvo do nosso trabalho. Vários conjuntos homogéneos organizados (solventes) e diversas interfaces microheterogénicas organizadas foram seleccionados para estudar os aspectos fotofísicos destes sistemas moleculares. A nossa tentativa tem sido feita para decifrar alguns trabalhos com o objectivo de fazer um esforço neste campo a partir de ângulos definidos.

Um dos fotoprocessos explora o comportamento das micelas formadas pela série homóloga de Tritão X em meios aquosos. Foi determinado o papel das micelas em diferentes processos e propriedades físico-químicas das micelas da série, excepto o Triton X-100 amplamente estudado. Isto ajudará os investigadores a determinar a eficiência das micelas desta série para uma aplicação frutuosa em diferentes campos. Foram estabelecidos certos padrões de comportamento das micelas da série Triton X. A disposição dos grupos de polioxietileno da série Triton X na camada paliçada de micelas é diferente para diferentes membros. Foi encontrada uma forma esférica estável da micela com um certo número de grupos de polioxietileno (n) no monómero surfactante e o parâmetro de polaridade do ambiente é também elevado. Quando o valor n aumenta ou diminui a partir deste valor crítico, o parâmetro de polaridade diminui e a estabilidade da forma é perdida devido a um obstáculo estéril. O coeficiente de partição do supressor entre a fase aquosa e a fase micelar foi determinado. O comportamento de fluorescência da sonda nas micelas de Tritão X é diferente do de outras micelas não iónicas. Aqui o têmpera por fluorescência ocorre devido à transferência de electrões da molécula da sonda para o grupo oxietileno do tensioactivo.

A segunda parte da presente tese relata o estudo das interacções de um fluoróforo bioactivo recentemente sintetizado e sensível à polaridade em diferentes ambientes homogéneos. Estudos espectroscópicos revelam que o comportamento solvatocrómico do PCM depende não só da polaridade do meio mas também das propriedades de ligação ao hidrogénio dos solventes. Uma análise Kamlet-Taft mostra que no estado excitado, a PCM forma um complexo estável de ligação de hidrogénio com solventes com elevada capacidade de aceitação de ligação de hidrogénio e baixo carácter doador de ligação de hidrogénio. A diferença de energia livre de solvação da sonda em solvente prótico polar e em solvente prótico polar corresponde à energia de ligação de hidrogénio. Para esta cumarina substituída, a interacção de ligação de hidrogénio em ambientes polares próticos melhora a estabilização do estado 01 que leva à diminuição da mistura entre os estados e, como resultado, observou-se uma diminuição nas taxas de relaxamento não radiativo. Os resultados teóricos baseados na teoria funcional da densidade estão em boa concordância com os dados experimentais. Podemos prever isto para lançar alguma luz para o rastreio e concepção do composto organoselenium adequado de entre numerosas variantes estruturais desta nova geração de drogas terapêuticas fluorescentes rapidamente emergentes.

Após uma investigação vívida sobre a fotofísica da PCM em solventes homogéneos, alargámos o nosso trabalho para ilustrar a modulação fotofísica e o comportamento dinâmico rotacional da PCM em micelas iónicas e não iónicas como interfaces microheterogénicas biomiméticas. O comportamento fotofísico da PCM é dramaticamente modificado em micelas em relação ao da fase aquosa a granel. Isto tem sido explorado para determinar a natureza do microambiente em torno da sonda, e finalmente a micropolaridade, bem como a microviscosidade no local de ligação. O estudo apontou, ao contrário do esperado têmpera, uma melhoria sem precedentes e notável é observada na fluorescência do PCM, com a adição de ião iodeto em meio micelar catiónico de brometo de cetílico trimetilamónio. O têmpera da fluorescência da sonda iónica micelar-solubilizada por íons contrários foi examinado do ponto de vista da troca iónica na superfície da micela. O estudo de anisotropia revela a restrição das propriedades dinâmicas do fluoróforo imposta pelo meio micelar, que é diferente em micelas diferentes. Esta sondagem espectroscópica de interface organizada pretende ser um modelo de compreensão da internalização celular da molécula bioactiva do fármaco, o que tem fortes implicações em aspectos como a entrega de fármacos específicos, a solubilização e os fenómenos de transporte no sistema vivo.

Na última parte da tese, a essência significativa deste trabalho é o facto de, em diferentes solventes, a invulgar dupla fluorescência dependente da excitação ter origem na transferência intramolecular do duplo protão, tanto em estados moídos como excitados. A moiety diketone de DOX induz o tautomerismo intramolecular do keto-enol, que é responsável por propriedades de fluorescência altamente sensíveis aos solventes. Os resultados precedentes evidenciam uma possível existência da espécie em estado moído: um devido ao cis-enol-A (480 nm), o segundo devido à formação de anião fenolato (conformador aberto 550 nm), e o terceiro devido ao cis-enol-B (346 nm). O espectro de emissão de DOX em THF é diferente do de outros solventes. Isto é devido à natureza básica do solvente, resultando numa maior estabilização da ligação intramolecular H. A interacção entre a ligação intramolecular H induzida pelo ESIDPT e a formação de ligação H intermolecular na água tem sido demonstrada como percentagem do aumento de água na mistura de água metanol. No meio básico, a banda de emissão de energia mais elevada é pronunciada com o desaparecimento simultâneo da banda de energia mais baixa. Os resultados teóricos baseados na teoria funcional da densidade estão em boa concordância com os dados experimentais. Assim, a investigação sistemática da dependência da fotofísica da droga anticancerígena, DOX no microambiente, bem como em diferentes pH, pode ser crucial para obter conhecimentos fundamentais nos campos de investigação de interesse actual no que diz respeito ao mecanismo de transporte dentro das células cultivadas.

Para finalizar, concebemos com sucesso um novo biosensor FRET com resposta ao pH, introduzindo o casal PYZ-DOX que pode imaginar e entregar medicamentos anticancerígenos às células cancerosas e controlar a entrega de medicamentos às células tumorais visadas com base no mecanismo de transferência de energia por ressonância Forster, simplesmente monitorizando o pH médio. O sistema detecta um pH particular onde a eficiência da FRET é máxima. Com um pH elevado, o FRET torna-se switch-OFF e os dois cromóforos formam um excipiente fluorescente estável à custa da eficiência FRET. A permeabilidade celular proficiente deste sensor à célula HepG2 viva ajudará na compreensão dos processos biológicos a nível molecular. O objectivo imediato de expandir a utilidade do casal PYZ-DOX para estudos de biologia medicinal inclui a optimização da sensibilidade e selectividade do fornecimento de medicamentos às linhas de células tumorais, bem como a melhoria da luminosidade óptica e das gamas dinâmicas para aplicações de imagem.

9.2. Âmbito para trabalhos futuros

Os trabalhos actuais deverão levar os cientistas a procurar estudos semelhantes de diferentes pontos de vista, tomando mais drogas fluorogénicas bioactivas. De qualquer modo, esta é uma iniciação que apenas deixa um caminho mais amplo e mais longo a seguir a seguir. Gostaríamos de submeter alguns deles aqui:

(1) As micelas não-iónicas puras e mistas inversas podem ser exploradas por estudos espectroscópicos para a compreensão íntima dos sistemas micelares inversos com referência à utilização de solventes puros e mistos, respectivamente. Tanto os estudos de fluorescência estáticos como os de fluorescência com resolução temporal devem ser explorados neste esforço. Uma sonda de fluorescência detalhada de auto-associação de micelas não iónicas como Brijs, Tweens, etc. em solventes não-polares, utilizando várias sondas fluorescentes, valeria a pena prosseguir.

(2) Tanto os surfactantes não iónicos como os gémeos são amplamente utilizados em farmácia, biologia e indústria. Várias combinações dos seus sistemas mistos também

merecem uma investigação minuciosa.

(3) A partir da característica interactiva proficiente da sonda aniónica 2-AS com albuminas de soro em meios confinados, pode ser feito um estudo comparativo sobre a interacção de sondas do tipo semelhante no ADN do timo do bezerro (ctDNA, um ADN duplo encalhado) com o do ADN simples encalhado (ssDNA) em nanopools aquosos a granel bem como microheterogéneos oferecidos por micelas invertidas. Este estudo é pertinente para detectar a proporção de ADN isolado a duplo encalhamento, que pode servir como assinatura de danos no ADN. Tais estudos são assim importantes para fins médicos e farmacêuticos.

(4) A fotofísica do fluoróforo bioactivo PCM em vários conjuntos micelares nanoscópicos foi investigada. O estudo pode ser alargado na exploração da fotofísica desses fluoróforos em vários ambientes proteicos de transporte de soro, variando resíduos de triptofano e membranas lipídicas de cargas superficiais variáveis.

(5) Ciclodextrinas e lipossomas são sistemas compartimentados hidrossolúveis que contêm cavidades hidrofóbicas que aceitam corpos apolares nelas para formar complexos de inclusão de convidados anfitriões. A formação de complexos de inclusão nas cavidades das ciclodextrinas é de grande importância para os investigadores envolvidos no campo da administração e estabilização de fármacos. Sondagem de luminescência de drogas fluorescentes como

A PCM nas cavidades de vários tipos de ciclodextrinas pode ser tópicos prospectivos no futuro. Uma vez que as ciclodextrinas não têm actividade auto-superficial e são de natureza não tóxica e não intrusiva, tais estudos têm o potencial de serem aplicados eficazmente para a dessorção do colesterol em membranas e células.

(6) A fotofísica, bem como a transferência intramolecular de duplo próton em estado excitado de uma droga anticancerígena DOX em diferentes soluções de solvente e tampão com pH diferente, foram exploradas. O estudo pode ser alargado na exploração do processo ESIDPT em vários conjuntos micelares nanoscópicos e interacção de DOX com vários ambientes de proteínas de transporte de soro e hemoglobina, variando resíduos de triptofano e membranas lipídicas de cargas superficiais variáveis.

(7) Embora mantendo grandes promessas como nanocarrier de vários medicamentos, as micelas de polímero enfrentam vários desafios na tradução, desde a investigação laboratorial até à prática clínica. Uma visão aprofundada dos comportamentos fotofísicos e biológicos das micelas de polímero é necessária para a concepção de micelas de próxima geração. A micela de copolímero em bloco (BCP) em meios aquosos tem sido amplamente estudada como um portador potencial de drogas pouco solúveis em água. Assim, é um assunto altamente contemporâneo para focar a sintonia espectral de PCM, PYZ e DOX em ambientes micelares

de BCP e na micela de polímero que é um promissor nanocarrier para quimioterapia.

(8) Nesta tese foi apresentado um biosensor de emissão de PYZ-DOX com base em pH, que pode ser convenientemente utilizado como plataforma para a construção de um sensor 'FRET-ON-OFF'. A extensão deste estudo em nanocagens de meios de ciclodextrina é de primordial apreensão da investigação actual.

Finalmente, gostaríamos de concluir esta dissertação com uma nota optimista. Os trabalhos descritos nesta tese tentaram dar a importância do estudo da interacção de algumas sondas moleculares fluorescentes biologicamente activas com diferentes unidades de biomimética. Alguns problemas fotofísicos seleccionados foram escolhidos para estabelecer a importância deste tipo de interacção, tanto do ponto de vista biológico como químico. A aplicação dos fotoprocessos do material fluorogénico no campo da detecção de aniões essenciais e biologicamente pertinentes foi também abordada. As modestas tentativas levaram à persuasão de alguns trabalhos mais exploratórios para os futuros investigadores.

■ Referências

[1] G. Cosa, K.S. Focsaneanu, J.R.N. McNamee, J.C. Scaiano, *Photochem. Photobiol.* 73 (2001) 585.

[2] R.A. Rajewski, V.J. Stella, *J Pharm Sci.* 85 (1996) 1142.

[3] R. Challa, A. Ahuja, J. Ali, R. Khar, *AAPS Pharm. Sci.Tech.* 6 (2005) E329.

[4] M. Nakayama, T. Okano, T. Miyazaki, F. Kohori, K. Sakai, M. Yokoyama, J. Controlled Release 115 (2006) 46.

[5] S. Kim, J.H. Kim, O. Jeon, I.C. Kwon, K. Park, *Eur. J. Pharm. Biopharm.* 71 (2009) 420.

[6] U. Kedar, P. Phutane, S. Shidhaye, V. Kadam, *Nanomedicina: Nanotech. Biol. Med.* 6 (2010) 714.

[7] S. Kim, Y. Shi, J.Y. Kim, K. Park, J.-X. Cheng, *Expert Opinions. Drug Deliv.* 7(1) (2010) 49.

[8] T. Ogoshi, Akira Harada, Sensors 8 (2008) 4961.

[9] M. Xu, S. Wu, F. Zeng, C. Yu, *Langmuir* 26 (2010) 4529.

[10] B.C. Ghosh, N. Deb, M. Becuwe, S. Fourmentin, A.K. Mukherjee, *J. Photochem. Photobiol. A* 238 (2012) 29.

<u>Constantes Físicas Úteis</u>

<u>Symbol</u>	<u>Value & Unit</u>	<u>Quantity</u>
Π	3.1415927	Circumference/diameter ratio
e	2.7182818	Base of natural Logarithms
h	6.62619×10^{-27} erg s, 6.62619×10^{-34} J s	Planck's Constant
c	2.997925×10^{10} cm/s 2.997925×10^{8} m/s	Velocity of Light
N	6.0221×10^{23} /mol 6.0221×10^{26}/kmol	Avogadro's number
k	1.3806×10^{-16} erg/K 8.6173×10^{-5} eV/K	Boltzmann Constant
amu	1.66053×10^{-27} kg 1.4924×10^{-10} J 931.4218 MeV	Atomic mass unit
m_e	9.109334×10^{-31} kg	Rest mass of Electron
F	96485.2 C/mole	Faraday constant
R	8.312 J/mole/K	Ideal gas constant
a_0	0.529177249 Å	Bohr's radius of H- atom

Factores de Conversão

1 cal	= 4.184 J
	= 4,184 x 10^7 erg (g cm² s)$^{-2}$
	= 1 x 10^{-3} kcal
	= 0,041293 L atm
	= 3,969 x 10^{-3} BTU
	= 3,830 x 1020 eV por electrão
1 eV	= 1.6021917 x 10^{-12} erg
	= 1.6021917 x 10^{-19} J
1 Mev	= 1.6021917 x 10^{-13} J
	= 1.6021917 x 10^{-6} erg
1 J	= 1 coulomb volt
	= 1 L kPa
	= 10^7 erg
	= 6.2386 x 10^{18} eV

1 molécula eV^{-1} = 96485 J mol^{-1}

= 403696 cal mol^{-1}

1 A

= 10^{-8} cm (Angstrom)

= 10^{-10} m

Massa electrônica = 0,910953 x 10^{-30} kg

1 Unidade de massa atómica (amu) = 1822,8880 massa de electrões

1 Electron volt (eV) = 23.06035 kcal mol^{-1}

1 Hartree = 627,5095 kcal mol^{-1} = 27,2116 eV

1 Bohr electron = 2,541765 Debye = 2,541765 x 10^{-18} esu cm

1 Debye² angstrom^{-2} amu^{-1} = 42,2547 km mol^{-1}

= 5,82587 x 10^{-3} cm^{-2} atm^{-1} em STP

1 Hartree$^{-1/2}$ Bohr^{-1} amu$^{-1/2}$ = 219474.7 cm^{-1}

1 Calorie = 4.184 Joules

yes I want morebooks!

Buy your books fast and straightforward online - at one of world's fastest growing online book stores! Environmentally sound due to Print-on-Demand technologies.

Buy your books online at
www.morebooks.shop

Compre os seus livros mais rápido e diretamente na internet, em uma das livrarias on-line com o maior crescimento no mundo! Produção que protege o meio ambiente através das tecnologias de impressão sob demanda.

Compre os seus livros on-line em
www.morebooks.shop

Printed by Books on Demand GmbH, Norderstedt / Germany